技工院校公共基础课程教材

数字技术应用　拓展模块

生成式人工智能

主　　编　张　志　陈琨韶

编写人员　张建梅　谢　卿

中国劳动社会保障出版社

图书在版编目（CIP）数据

数字技术应用：拓展模块．生成式人工智能 / 张志，陈琨韶主编．-- 北京：中国劳动社会保障出版社，2025. --（技工院校公共基础课程教材）. -- ISBN 978-7-5167-6984-3

Ⅰ. TP3

中国国家版本馆 CIP 数据核字第 2025UH2580 号

数字技术应用　拓展模块　生成式人工智能

SHUZI JISHU YINGYONG　TUOZHAN MOKUAI

SHENGCHENGSHI RENGONG ZHINENG

中国劳动社会保障出版社出版发行

（北京市惠新东街 1 号　邮政编码：100029）

*

北京市艺辉印刷有限公司印刷装订　　新华书店经销

787 毫米 ×1092 毫米　16 开本　15.25 印张　284 千字

2025 年 7 月第 1 版　　2025 年 7 月第 1 次印刷

定价：38.00 元

营销中心电话：400-606-6496

出版社网址：https://www.class.com.cn

https://jg.class.com.cn

版权专有　　侵权必究

如有印装差错，请与本社联系调换：（010）81211666

我社将与版权执法机关配合，大力打击盗印、销售和使用盗版图书活动，敬请广大读者协助举报，经查实将给予举报者奖励。

举报电话：（010）64954652

…前　言

人工智能作为引领新一轮科技革命和产业变革的战略性技术，已成为发展新质生产力的重要引擎。其中，生成式人工智能相关技术与产品的快速发展，正逐步影响着各行业的发展格局，也使其成为数字技术领域极具创新性的前沿方向。

本教材是技工院校数字技术应用课程教材体系基础模块的延伸与拓展，聚焦生成式人工智能这一前沿领域。教材以人工智能生成内容为主线，系统讲解生成式人工智能技术在文本、音频、图像、视频等多模态的实际应用，旨在让学生全面了解生成式人工智能的基础知识，掌握不同场景下生成式人工智能工具的使用方法与技巧，培养学生的实践能力、创新思维和职业素养，从而适应人工智能时代的发展需求，成为“懂原理、会工具、能创新”的高素质技能人才。

本教材具有以下特色。

1. 坚持立德树人，德技并修

落实立德树人根本任务，深入推进习近平新时代中国特色社会主义思想和党的二十大精神进教材进课堂进头脑。结合数字技术课程特点，将思想政治教育、知识传授、技能培养融合

统一，有机融入教学场景。

2. 坚持技工特色，一体培养

遵循学生认知规律，贯彻以学生为中心、以能力为本位的教学理念，以实际场景中的具体工作内容为主要依据，培养学生适应未来智能社会发展的综合职业能力。

3. 坚持项目引领，任务驱动

教材共设计 6 个项目、17 个任务（36 学时），各项目任务均按照“任务描述—任务目标—相关知识—任务实施”的结构编写，力求在真实情境中引导学生逐步掌握生成式人工智能的核心知识与技能。

本教材配套项目素材、教学课件等辅助教学资源，请登录技工教育网（https://jg.class.com.cn）获取。

尽管编写团队力求任务新颖、内容精准，但由于生成式人工智能技术与产品发展迅猛，教材难免存在知识遗漏、技术滞后、软件版本陈旧等问题，读者可将意见和建议发送至邮箱：ggk@class.com.cn，我们将适时对教材做出修订。

编者

2025 年 6 月

目录

项目一

提纲挈领：生成式人工智能概述

项目导读

当前，数字技术快速发展、数智化转型加速推进，人工智能技术已成为推动社会进步的关键技术。作为人工智能技术领域的一项重要分支，生成式人工智能技术凭借其自主生成文本、图像、音频和视频等多样化内容的能力，突破了传统人工智能仅依靠预设规则进行数据处理的局限性，为实现更高效地人机协同提供了全新的技术支持。

在本项目中，我们将迈入人工智能世界的广阔天地，了解与掌握人工智能与生成式人工智能的相关知识。我们还将完成两项具体的学习任务，通过线上、线下搜索与调查等方式，获取关于生成式人工智能的基础知识，为后续的学习打下基础。

学习目标

1. 了解人工智能的起源和概念。
2. 理解生成式人工智能的概念、特点与作用。
3. 了解生成式人工智能工具的分类。
4. 掌握生成式人工智能工具的使用原则与技巧。
5. 能通过线上搜索、线下查阅等方式自主探索新知识，对搜集的资料进行甄别、选择和整理，并尝试运用这些资料进行自主学习。

任务 1　认识生成式人工智能

任务描述

一、任务情境

为了使同学们亲身体验生成式人工智能对工作与学习的影响，培养创新思维与实践能力，学校将于两周后举办“生成式人工智能进校园”主题科普周活动。作为人工智能社团的成员，你需要制作一份题为“生成式人工智能基础知识”的演示文稿，在科普周活动中展示。

二、任务要求

1. 通过线上搜索、线下查阅等方式，广泛搜集、整理资料，制作一份演示文稿形式的宣传资料。

2. 演示文稿应内容完整，不少于 15 页，至少包括以下内容。

（1）人工智能的起源与发展。

（2）人工智能的核心技术。

（3）生成式人工智能的相关知识。

（4）人工智能生成内容的相关知识。

（5）生成式人工智能的应用方向。

3. 演示文稿应格式规范、排版美观、图文并茂。

三、任务资料

“生成式人工智能基础知识”演示文稿模板（见素材库）。

任务目标

1. 能搜集与整理关于人工智能与生成式人工智能的相关资料。

2. 能判断资料的准确性与适用性，确保搜集到的资料内容是正确的，并适合在科普周活动中使用。

3. 能够提炼资料的内容要点，并将其制作成格式规范、排版美观、图文并茂的演示文稿。

相关知识

一、人工智能概述

（一）人工智能的起源

20 世纪中叶，计算机技术的出现为人工智能的诞生奠定了基础。1950 年，艾伦·图灵发表了一篇名为《计算机器与智能》的论文，提出了著名的图灵测试。图灵测试旨在判断机器是否能够表现出与人类同等的智能。具体来说，如果一台机器能够在与人类进行文本交互时，使人类无法区分其与人类回复的差异，那么这台机器就被认为具有智能。这一概念的提出，为人工智能的研究提供了一个重要的理论框架。

1956 年，在达特茅斯学院举行的一次会议上，“人工智能”这一术语被正式提出，标志着人工智能作为一个独立的研究领域正式诞生。

在人工智能诞生的早期阶段，研究工作主要集中在符号逻辑和基于规则的系统上。科学家们试图通过编写程序，使计算机遵循特定的规则来解决问题，如解决数学定理及其证明等。然而，这种方法在处理复杂的现实世界问题时逐渐显露出局限性。

随着时间的推移，技术不断取得进步，新算法涌现，有力地推动了人工智能的发展。例如，机器学习的出现，使得计算机能够从海量数据中自动学习，并提取出模式和规律，而不需要人类明确地编写所有的规则。这一根本性的转变极大地拓展了人工智能的应用范围，并显著提升了其处理能力。

（二）人工智能的概念

人工智能是致力于研究、开发用于模拟、延伸和扩展人类智能的理论、方法、技术及应用系统的一门新技术科学。

通俗地讲，人工智能就是用机器模拟人类大脑的信息处理能力。人类大脑的神经网络由大量的神经元组成，这些神经元的基本功能包括接收信息、整合信息、传导信息和输出信息。人的所有行为和表现，实质上都是大脑对感觉器官接收到的信息进行处理后的输出反应。人工智能的核心技术之一就是用人工神经网络模拟人脑神经网络，使其能够接收输入信息，并经过神经网络的分析、计算，得出相应的输出结果。

回想你最早接触“人工智能”这个概念时的场景，可能来自一本书，或者一部电影。请与同学分享你当时的想法。

二、生成式人工智能概述

（一）生成式人工智能的概念

生成式人工智能（generative artificial intelligence，GAI）是人工智能的一个分支，是基于算法、模型、规则生成文本、图片、声音、视频、代码等内容的技术。这种技术能够针对用户需求，依托事先训练好的多模态基础大模型等，利用用户输入的相关资料，生成具有一定逻辑性和连贯性的内容。与传统人工智能不同，生成式人工智能不仅能够对输入数据进行处理，更能学习和模拟事物内在规律，自主创造出新的内容。

（二）生成式人工智能的特点

作为人工智能领域中的一项重要技术，生成式人工智能具有以下几方面的特点。

1. 学习能力

生成式人工智能具备从海量数据中挖掘模式和规律的能力。通过深度学习等技术，它能够对大量的文本、图像、音频等数据进行深入分析和学习。例如，在自然语言处理领域，生成式人工智能模型在预训练阶段会接触并学习来自互联网的海量文本数据，包括新闻文章、学术论文、小说等，从而掌握词汇用法、句子结构、语义信息等知识。

2. 交互性

生成式人工智能的服务是基于一系列工具实现的，其交互性体现在用户与工具的互动过程中。这种交互性不仅限于简单的问答，还包括对用户意图的深入理解以及进一步的引导。通过分析用户输入的文本内容，生成式人工智能工具能够识别其中的关键信息，然后根据自身的算法和知识生成合适的回复。例如，在聊天机器人应用中，当用户输入“我想要了解一些旅游景点”，聊天机器人会识别出“旅游景点”这一关键信息，并基于其预训练的旅游相关知识进行回复，推荐一些著名的旅游景点，或者询问用户想去国内还是国外旅游等，以进一步明确用户需求。

3. 自适应能力

生成式人工智能可以根据不同的输入数据和应用场景进行自适应调整。它能够识别输入数据的特征，并相应地调整生成结果的模式。例如，当输入的文本风格较为正式时，生成式人工智能会生成符合正式语境的回应；当输入文本具有情感倾向时，它也能在回应中体现出类似的情感。这种自适应能力得益于模型对大量不同类型数据的学习以及对输入数据特征的动态分析。

4. 即时性

生成式人工智能能够在极短的时间内对用户的输入作出回应，这得益于其高效的算法和强大的计算能力。当用户提出一个请求时，系统会迅速对请求进行分析、处理，然后根据已有的知识和算法生成结果，并返回给用户。例如，在语音助手应用中，当用户说出“播放一首流行歌曲”时，语音助手立即开始搜索音乐库，并播放符合要求的流行歌曲，为用户带来即时的体验。

5. 复杂性

生成式人工智能的复杂性体现在多个方面。首先，其内部的算法结构复杂，如深度学习中的神经网络结构可能包含多层隐藏层，这些隐藏层之间的连接和权重调整是一个复杂的计算过程。其次，生成式人工智能处理的数据类型多样且数据量巨大，需要对不同类型的数据进行有效的编码、存储和处理。最后，为了实现高质量的生成结果，还需要综合考虑生成内容的准确性、多样性和合理性等多个指标，这也增加了其复杂性。

拓展阅读

生成式人工智能与人工智能的关系

1. 从属关系

生成式人工智能是人工智能的一个重要分支。人工智能是一个宽泛的概念，旨在模拟人类的智能行为；而生成式人工智能则专注于生成新的内容，是在人工智能的大框架下，针对内容生成这一特定领域发展起来的技术。

2. 技术共享

生成式人工智能与人工智能在技术层面存在诸多共享之处。两者都大量应用机器学习，尤其是深度学习，如卷积神经网络、循环神经网络及其变体等，这些算法在图像识别、语音识别，以及文本、图像生成等领域都有广泛的应用。此外，数据采集、清洗、标注等数据处理技术也是两者的共同基础，它们都依赖于高质量的数据来实现预期的效果。

3. 发展推动

人工智能的整体发展为生成式人工智能提供了理论、技术和算法上的支持，帮助其不断提升内容生成能力。同时，生成式人工智能的发展也为人工智能带来了新的研究方向和挑战，推动其在更多领域进行创新。两者相互促进，共同发展。

生成式人工智能可以被应用在哪些生活场景？请与同学交流、讨论。

三、生成式人工智能的作用

生成式人工智能以其独特的优势展现出强大的作用，为各个领域带来了前所未有的变革与机遇。它不仅能够快速生成丰富多样的内容，激发创作灵感，还在提升工作效率、处理和分析海量数据等方面表现出色，成为推动社会发展和创新的重要力量。

（一）生成内容

1. 快速生成内容

生成式人工智能依托其强大的算法与预训练模型，具备在短时间内生成海量内容的能力。

以文本生成为例，基于 Transformer（这是一种深度学习模型）等架构的语言模型预先在大规模语料库上进行训练，当接收到用户输入的主题，如“旅游景点推荐”时，它能够迅速整合相关的词汇与句子结构，快速生成一篇涵盖多个旅游景点介绍、游玩建议等丰富内容的文章。这一快速生成能力的根源在于模型对语言结构和语义信息的预先学习，从而使其能够高效地根据用户需求进行内容组合。

2. 激发创作灵感

生成式人工智能可以生成各种各样的内容，这些内容往往包含独特的观点、新颖的组合方式，以及创作者未曾想到的元素，从而能够为创作者提供新的思路和创意来源。

例如，当作家构思小说情节时，生成式人工智能可能会给出一些特别的角色设定或情节走向，帮助其突破思维局限；对于艺术家，生成式人工智能生成的图像或音乐元素可能成为其新作品的灵感开端；对于设计师，它创造的新颖图案和布局概念，也能为设计工作带来新的启发。

（二）提升效率

1. 自动化工作

生成式人工智能具备自动完成重复性工作任务的能力。在众多业务流程中，存在着大量需要按照特定规则或模式生成内容的工作任务，例如填写标准化的表格、生成固定格式的报告等。生成式人工智能可通过编程或配置，依据预设的规则，自动完成相关工作。

2. 批量处理

生成式人工智能非常适合处理批量任务。它能够同时处理多个输入并生成相应的输出，这一特性在需要大规模生成内容的场景中极为有用。例如，在电商行业，需要为众多商品生成产品描述。生成式人工智能可以接收包含商品信息（如名称、功能、特点等）的数据集，然后批量生成每个商品的描述内容。这种批量处理能力基于其高效的算法架构和并行计算能力，使其能够在短时间内处理大量数据并生成对应的内容。

（三）分析数据

1. 数据处理

生成式人工智能能够对各类数据进行处理。在数据预处理阶段，它可以对杂乱无章的数据执行清洗、转换和特征提取等操作。对于文本数据，它能够去除噪声，例如无用的标点符号、重复的单词等，并将文本转换为向量表示，以便于后续的分析。在处理图像数据时，它可以进行图像的归一化、裁剪、特征提取等操作。这种数据处理能力有助于提升数据质量，为后续的数据分析任务（如分类、预测等）奠定基础。

2. 预测分析

生成式人工智能通过对历史数据的学习与分析，能够预测未来的趋势或事件。在针对时间序列数据的分析中，它可以识别数据中的模式和规律，进而预测未来的值。例如，基于深度学习的生成式模型能够学习产品在不同营销活动下的销售模式，并根据当前的市场信息（如消费者需求、竞争对手策略等）预测产品的销售走势。这种预测分析能力基于生成式人工智能对大量数据的深度挖掘能力，以及对复杂关系的建模能力。

3. 辅助决策

生成式人工智能能够为决策提供有力支持。它可以通过对数据的分析与处理，生成各种可能的结果或方案，并对这些方案进行评估。例如，在企业战略决策过程中，生成式人工智能可以分析市场数据、竞争对手信息、企业内部资源等多方面的数据，生成不同的战略方案，如市场扩张方案、产品研发方向等，并对每个方案的风险和收益进行评估。决策者可以依据这些评估结果，结合自身的经验和判断，做出更为科学合理的决策。

以上内容介绍了生成式人工智能的正向作用，请你思考，生成式人工智能可能有哪些负面作用。

任务实施

一、搜集资料

（一）线上搜集

打开“百度”或其他搜索引擎，在搜索框中键入与生成式人工智能相关的各种关键词，如“生成式人工智能的发展历程”“生成式人工智能的应用领域”等，获取与生成式人工智能相关的新闻、文章等资料，如图 1–1–1 所示。

图 1–1–1　百度搜索

通过搜索引擎搜集资料时，应主要关注以下几类网站的内容。

1. 官方网站

可访问工业和信息化部等部门官网，查询并搜集权威的生成式人工智能法规、政策文件，以及应用成果等相关内容。

2. 各大论坛

可访问专业技术论坛，与业内人士进行交流，获取实践经验和专业见解。在这些平台上，可以提出问题，获取他人的反馈，以此深化对复杂概念的理解和掌握。

3. 学术资料库

可以查阅中国知网、万方数据等学术数据库，获取生成式人工智能领域的学术论文和研究报告，了解学术界的最新研究成果。

4. 新闻资讯类网站

关注权威媒体报道的关于生成式人工智能的新闻事件，如技术突破、行业变革、市场分析等，了解生成式人工智能发展的最新动态和行业趋势。

5. 调研报告类网站

查阅相关市场研究机构发布的生成式人工智能行业报告，了解市场应用情况和未来发展前景。这些报告通常包含数据分析、市场预测和案例研究，有助于评估生成式人工智能技术的商业价值和应用潜力。

6. 网络课程

利用在线教育平台，学习生成式人工智能相关课程，夯实理论基础。通过系统化的课程学习，可以从基础概念到高级应用，逐步构建对生成式人工智能的全面和深入理解。

你常用的搜索引擎是什么？你习惯于在哪些渠道获取信息？

（二）线下搜集

1. 图书馆

在搜集资料的过程中，可以前往所在学校或所在城市的图书馆，查阅生成式人工智能领域的相关图书。通过阅读这些书籍，深入理解生成式人工智能的发展脉络、理论基础以及其他相关知识。

2. 专家访谈

若有可能，还可以与校内外的生成式人工智能专家进行面对面交流，获取他们的专业见解。在进行访谈前，应提前预约访谈时间，并准备好详细的访谈提纲。在访谈过程中，要认真倾听专家的观点和见解，记录下他们提到的关键信息、典型案例等。访谈结束后，还可以利用网络资源，进一步深入了解访谈中获得的相关信息。

二、总结要点

（一）整理已有资料

我们要将搜集到的资料进行分类整理，以便后续的总结和制作工作。在整理资料的过程中，要仔细甄别并剔除冗余或者已经过时的信息。随着技术的快速发展，部分早期的研究成果或者观点可能已经不再适用，或者已经被新的研究成果所取代。要重点保留那些最新、最权威的资料，确保宣传资料内容的准确性和时效性。

（二）总结演示文稿要点

1. 提炼核心内容

针对每个主题，我们要从众多的资料中提炼出关键概念和重要信息。例如，在阐述生成式人工智能的技术原理时，要抓住核心的算法模型和与之相关的关键技术点；在描述应用领域时，要提炼出最具代表性和影响力的应用案例。通过这种方式，确保每个主题内容都简洁明了，使观众能够快速理解核心要点，避免过多细枝末节的干扰。

2. 结构化信息

将提炼出来的要点按照逻辑关系进行组织，构建一个清晰的内容框架。例如，可以按照从基础概念到高级应用的顺序进行组织，先介绍生成式人工智能的定义、起源，再讲解其技术原理、模型架构，最后阐述其在各个领域的应用和未来的发展趋势。这样的结构有助于观众逐步深入地理解生成式人工智能的全貌，使整个演示文稿的内容层次分明，便于理解和记忆。

三、制作演示文稿

（一）选择模板

同学们可以在素材库中选择演示文稿模板。观察每个模板的版式特点，如页面布局、色彩搭配、字体风格等，选择最适合的版式。若有能力，也可对模板进行部分创新或完全重建，但要注意避免选择过于花哨、装饰过多的模板，以免干扰观众的注意力。

（二）填充内容

1. 文字撰写

根据之前总结的要点，开始撰写每页的文字内容。在撰写过程中，要确保语言准确无误，表达清晰明了。使用简洁、易懂的语句阐述复杂的概念和技术内容，避免使用过于晦涩的专业术语。若必须使用专业术语，需进行适当的解释说明。同时，注意段落之间的逻辑连贯性，使整个页面的文字内容能够流畅地传达一个完整的观点或信息。

2. 图文并茂

为每个主题配上相关的图片、图表或示意图，以增强演示文稿的视觉效果，辅助观众理解。对于抽象的概念，如生成式人工智能的模型结构，可用简单的示意图来表示，让观众直观地看到各个部分之间的关系。在介绍应用领域时，可以插入实际应用场景的图片，如生成式人工智能在医疗影像诊断中的应用图片，使观众能够更加直观地感受其实际应用效果。选择的图片、图表要与文字内容紧密相关，且要注意图片的质量和清晰度，避免不相关或模糊的图片影响整体展示效果。同时，还要注意图文排版的合理性，使文字和图片相互补充，相得益彰。

（三）检查内容

1. 校对文字

仔细检查文字内容中的拼写、语法和标点符号，是确保演示文稿质量的重要环节。即使是小小的拼写错误或标点符号的误用，都可能影响观众对内容的理解，甚至会给观众留下不专业的印象。可以使用文字处理软件自带的拼写和语法检查功能进行初步检查，再逐字逐句地人工校对，确保文字内容准确无误。

2. 核实数据

对于演示文稿中引用的所有数据和事实，必须进行认真的核实。数据的准确性直接关系到演示文稿的可信度。如果引用的数据存在错误，可能会误导观众，使他们对生成式人工智能产生错误的认识。要追溯数据的来源，确保数据是来自权威的研究机构或可靠的统计渠道。如果发现数据存在疑问，要及时查找更准确的数据进行替换。

（四）保存文件

1. 多种格式

将演示文稿保存为多种格式，以方便在不同场合使用。PPT 格式是最常见的演示文稿格式，大多数演示设备都能兼容，适合在会议、讲座等场合直接演示。PDF 格式则具有良好的稳定性和跨平台性，能够保证文档在不同的设备和操作系统上保持一致的显示效果，适合用于分享和打印。保存为这两种格式可满足不同用户的需求，提高宣传资料的可用性。

2. 备份存档

为了防止文件因意外情况丢失，如计算机故障、存储设备损坏等，需将文件备份至云端或U盘。云端存储具有便捷性和数据安全性高的优点，可以随时随地访问文件，并能避免本地设备故障带来的风险。U盘备份则是一种传统而可靠的备份方式，在没有网络连接的情况下也能够方便地获取文件。通过多种备份方式，可以确保宣传资料的安全性和可用性，为即将到来的科普周活动做好充分的准备。

你一般如何保存文件？是否有云端备份的习惯？

任务2　了解生成式人工智能工具

任务描述

一、任务情境

为了使大家对生成式人工智能有更真切的体验，帮助大家更好地使用生成式人工智能工具辅助学习，同时为未来的工作打下基础，你还需要制作一份题为“常见生成式人工智能工具”的宣传资料。

二、任务要求

1. 通过线上搜索、线下查阅等方式，广泛搜集、总结资料，形成表格加图文形式的宣传资料，保存为Word文档。

2. 宣传资料应内容完整，并至少覆盖以下内容。

（1）生成式人工智能工具的主要类型。

（2）各种生成式人工智能工具的名称、注册网址、优缺点、能力评价、资费情况等信息。

（3）生成式人工智能工具的使用方法与技巧。

3. 表格与图文资料应格式规范、排版美观。

三、任务资料

“常见生成式人工智能工具”表格模板（见素材库）。

任务目标

1. 能搜索并整理各类生成式人工智能工具的相关信息。

2. 了解常见的生成式人工智能工具种类与功能，以及官方网址、适用范围等相关信息。

3. 掌握生成式人工智能工具的使用原则与技巧。

相关知识

一、生成式人工智能工具的分类

通过生成式人工智能技术，我们可以获得文本、音频、图像、视频等多种内容。这一过程通常被称为人工智能生成内容（artificial intelligence generated content，AIGC），而实现这一过程的一系列工具，则被称为 AIGC 工具。

（一）文本类 AIGC 工具

文本类 AIGC 工具是指借助人工智能技术，具备自动生成自然语言文本能力的一类工具。这类工具能够根据给定的主题、提示、语境或指令，创作出各类文本内容，涵盖日常对话、故事、文章，以及专业领域的报告、论文等，几乎覆盖了所有的文本创作场景。

1. 文案创作

对于广告公司和市场营销人员，创作富有吸引力的广告文案、产品描述等是一项颇具挑战性的任务。文本类 AIGC 工具能够根据产品的特点、优势、目标受众等信息，生成富有创意且吸引人的文案。

2. 智能客服

许多企业的客服部门每天需处理大量客户咨询，其中不乏重复性问题。借助文本类 AIGC 工具搭建的智能客服系统，能够快速理解客户问题，并生成准确、恰当的回复。

3. 机器翻译

在全球化进程不断推进的今天，跨语言交流日益频繁。文本类 AIGC 工具能够实现不同语言之间的自动翻译，无论是商务文件、学术论文，还是日常邮件、聊天记录，都能够较为准确地进行翻译，打破了语言的障碍，促进国际交流与合作。

4. 自动摘要

在如今信息爆炸的时代，人们需要从大量文本信息中快速获取关键内容。文本类 AIGC 工具能够对长篇文章、报告等进行自动摘要，提取出核心观点和重要信息。

（二）音频类 AIGC 工具

音频类 AIGC 工具是指运用人工智能技术生成各类音频内容的工具，包含语音、音乐、音效等各类音频形式。这类工具通过模拟人类的音频创作和生成能力，能够为用户提供多样化的音频内容。通过对大量音频数据的学习和分析，这类工具能够掌握音频的特征、模式和规律，进而根据用户需求或给定条件，生成具有特定风格、情感或者功能的音频。

1. 语音助手

语音助手是音频类 AIGC 工具的典型应用。当用户提出问题或者发出指令时，语音助手会利用语音识别技术将语音转换为文本，通过自然语言处理技术理解用户的意图，最后运用音频生成技术将回答内容以语音形式输出。

2. 有声读物制作

在有声读物领域，音频类 AIGC 工具能够将文字内容快速转换为语音，大大提高了有声读物的制作效率。通过调整语音参数，还可以实现不同音色、语调的朗读效果，满足多样化的制作需求。

3. 音乐创作辅助

对于音乐创作者而言，音频类 AIGC 工具是强大的创作助手。它可以根据创作者输入的主题、风格、情感等要求，生成旋律、和弦、节奏等音乐元素。

4. 音效制作

在电影、游戏、动画等多媒体领域，音效对于营造场景氛围起着至关重要的作用。音频类 AIGC 工具能够根据不同的场景需求，生成各种逼真的音效，如风声、雨声、枪炮声、魔法音效等。

（三）图像类 AIGC 工具

图像类 AIGC 工具是指运用人工智能技术自动生成图像的一类工具。这类工具基于深度学习技术，通过对大量图像数据的学习和分析，掌握图像的特征、风格、结构等信息，从而根据用户的输入或者特定的指令，生成全新的、具有一定创意和质量的图像。其生成的图像涵盖写实风景、人物肖像、抽象艺术、卡通形象、科幻场景等各种类型，能够满足不同领域和场景的需求。

1. 广告设计

在广告行业中，图像的创意和吸引力对于吸引消费者的注意力至关重要。图像类 AIGC 工具可以根据广告主题、产品特点和目标受众，快速生成多种创意图像。

2. 游戏美术

游戏行业对高质量美术资源需求巨大。图像类 AIGC 工具在游戏美术创作中发挥着重要作用，可以帮助游戏开发者快速生成游戏角色、场景、道具等美术素材的概念图。

3. 室内设计

对于室内设计师而言，向客户展示设计方案的可视化效果至关重要。图像类 AIGC 工具可以根据设计师输入的房间布局、风格偏好、色彩搭配等信息，快速生成室内设计的效果图，帮助客户直观地理解设计方案，从而提高客户满意度和设计效率。

4. 艺术创作

图像类 AIGC 工具为艺术家提供了全新的创作方式和灵感来源。艺术家可以利用其生成具有独特风格和创意的艺术作品，或者将人工智能生成的图像作为创作起点，进一步进行加工和创作。

5. 电商产品展示

在电商平台上，高质量的产品图片对于吸引消费者购买产品起着重要作用。图像类 AIGC 工具可以帮助电商卖家快速生成产品展示图片，包括不同角度的拍摄图、产品在不同场景下的使用图等。

6. 影视特效制作

在影视制作中，特效场景的制作往往需要耗费大量的时间和人力。图像类 AIGC 工具可以辅助影视特效团队生成各种逼真的特效场景，为特效师提供基础素材，减少其工作量，同时也能为影视作品带来更加震撼的视觉效果。

（四）视频类 AIGC 工具

视频类 AIGC 工具是指运用人工智能技术自动生成视频内容的一类工具。这类工具通过对大量视频数据的学习和分析，掌握视频的视觉和听觉特征、叙事结构、场景转换等规律，能够根据用户提供的输入信息，如文本描述、图片素材、主题要求等，生成具有一定创意和质量的视频作品。

1. 短视频制作

对于个人创作者来说，制作高质量的短视频往往需要投入大量的时间和精力，视频类 AIGC 工具能够简化这一过程。创作者只需输入简单的文本描述，即可自动生成包含多种元素的短视频。此外，还可以用来为创作者提供建议和灵感，使制作出的短视频更加个性化和有趣。

2. 影视特效制作

在影视制作中，特效场景的制作是一项复杂且耗时的工作。视频类 AIGC 工具可以辅助影视特效团队生成各种逼真的特效场景，如科幻电影中的外星世界、奇幻电影中的魔法场景、灾难电影中的毁灭场景等。此外，还可以对演员的表演进行特效处理，如实现人物的去老化、变形等效果，增强影片的视觉表现力。

3. 虚拟主播

虚拟主播是视频类 AIGC 工具的一个重要应用领域。通过人工智能技术，能够生成具有逼真形象和自然动作的虚拟主播，它们可以进行新闻播报、产品介绍、直播带货等活动。虚拟主播不仅能够 24 小时不间断地工作，还可以根据不同的场景和受众需求，调整语言风格、表情和动作，为观众提供个性化的服务。

4. 广告制作

在广告行业，快速制作出吸引人的广告视频至关重要。视频类 AIGC 工具可以根据广告的主题、产品特点和目标受众，快速生成创意广告视频。同时，还可以根据不同的媒体平台和投放需求，生成不同格式和时长的广告视频，提高广告投放的效率和精准度。

5. 教育领域

在教育教学中，视频类 AIGC 工具可以为教师提供丰富的教学资源。教师可以利用其生成各种教学视频，将抽象的知识以更加生动、直观的方式呈现给学生，帮助学生更好地理解和掌握知识。

（五）职场类 AIGC 工具

职场类 AIGC 工具是指专门为辅助职场工作而设计的人工智能工具。它能够理解和处理各种职场相关的任务和需求，涵盖从日常办公事务到复杂项目管理等多个方面，旨在帮助职场人士提高工作效率，优化工作流程，提升决策质量。

1. 智能文档处理

在日常办公中，文档处理是一项烦琐但重要的工作。职场类 AIGC 工具能够自动完成文档的撰写、编辑、格式调整等任务。以撰写市场调研报告为例，用户只需输入调研的目的、对象、主要发现等关键信息，AIGC 工具就能快速生成一份结构完整、内容丰富的报告初稿，包括引言、市场现状分析、竞争态势分析、结论与建议等部分，大大节省了撰写文档的时间和精力。

2. 项目管理辅助

在项目管理过程中，AIGC 工具可以提供全方位的支持。它能协助制订项目计划，根据项目目标、资源情况和时间限制，合理安排任务的优先级和时间节点，生成详细的项目甘特图。在项目执行阶段，可以实时监控项目进度，及时发现潜在的风险和问题，并提供相应的解决方案。此外，还能辅助项目团队成员的沟通和协作，如自动生成项目进展报告发送给相关人员，确保信息的及时共享和沟通的顺畅。

3. 数据分析

对于需要处理大量数据的工作，如市场分析、销售数据分析等，AIGC 工具能够快速对数据进行分析，并生成详细的数据分析报告。它可以从各种数据源中提取数据，运用数据挖掘和统计分析技术，发现数据中的规律、趋势和异常情况。

4. 邮件沟通协助

在职场中，邮件沟通频繁且重要。AIGC 工具可以帮助用户撰写邮件，根据用户输入的关键信息和语气要求，生成合适的邮件内容。此外，还能分析邮件的往来记录，总结出沟通的重点和趋势，为用户提供参考，以便更好地进行后续的沟通和决策。

5. 智能会议助手

在会议场景中，AIGC 工具可以充当智能会议助手。它能实时记录会议内容，将语音转换为文字，并对会议内容进行分析和总结，提取出关键决策、待办事项和讨论要点等信息。此外，还能在会议过程中进行实时翻译，打破语言障碍，促进跨国或跨地区的团队协作。

你还知道生成式人工智能工具的哪些其他应用场景？请与同学交流、讨论。

二、生成式人工智能工具的使用原则与技巧

使用生成式人工智能工具时，要注意一些使用原则，并掌握必要的使用技巧。

（一）生成式人工智能工具的使用原则

1. 明确定位，人机协同

在当前的技术格局下，AIGC 工具凭借其卓越的数据处理与模式识别能力，为人的工作和创作提供了有力的辅助。然而，我们必须清醒地认识到，这类工具的本质定位是作为人进行工作的辅助手段，而非完全替代人的主体地位。

以内容创作领域为例，生成式人工智能能够依据输入的主题迅速生成一篇文章的框架结构和部分内容。例如，在新闻写作中，它可以根据新闻事件的关键词生成事件

的基本脉络、相关人物信息，以及一些通用的表述内容。但是，文章深度的挖掘、情感表达的细腻、独特的创意构思等高层次的创作要素，则必须依靠创作者自身的知识储备、生活阅历、价值观，以及敏锐的洞察力来完成。这种人机协同的工作模式是将 AIGC 工具在数据处理和初步内容生成方面的高效性，与人类在深度思考、情感赋予和创意激发等方面的独特优势相结合，从而显著提升整体工作的效率和质量。

2. 合规合法，避免偏见

（1）合规合法。在运用 AIGC 工具的过程中，严格遵守相关法律法规是毋庸置疑的基本原则。生成式人工智能的运行涉及多个复杂的法律范畴，其中版权和隐私方面的法律法规尤为关键。

从版权的角度来看，生成式人工智能所生成的内容绝不能侵犯他人的知识产权。在实际操作中，如创作新闻报道时，必须确保报道内容是通过合法的信息搜集和创作过程生成的，绝不能抄袭其他新闻机构已经发布的报道内容。这就要求在使用 AIGC 工具时，要对其生成的内容进行严格的版权审查，确保没有侵犯他人的著作权。

同时，在数据使用方面，也必须遵循严格的法律规定，保证数据来源的合法性与合规性。这意味着在数据采集、存储和使用过程中，要遵循相关的数据保护法规。例如，在使用用户数据进行模型训练时，必须事先获得用户的明确授权，并在数据处理过程中采取严格的安全措施，防止数据泄露和滥用。

（2）避免偏见。AIGC 工具由于其训练数据的特性、算法设计的局限性等因素，存在产生偏见的潜在风险。

在训练数据的选择阶段，如果数据分布不均衡，如某一特定类型的数据在样本中占比过高或过低，就可能致使模型在生成内容时出现偏向性。

在算法设计和模型生成优化过程中，同样可能引入潜在的偏差。例如，某些算法在设计时可能过于关注某些特定的特征或指标，而忽略了其他重要因素，从而导致模型在生成结果时出现不公平的情况。

为了应对这种情况，需要构建完善的反馈机制。在使用 AIGC 工具的过程中，要仔细监测可能出现的不公平现象。一旦发现存在偏见的迹象，如在招聘领域对某些性别、种族或地域的求职者存在不公平的筛选倾向，就必须及时对模型进行调整。这种调整可能涉及重新审视训练数据的构成、优化算法设计或对模型进行重新训练等操作，以确保模型生成的结果公平、公正。

3. 开放共享，共同进步

在严格遵循法律和伦理规范的前提下，积极推动生成式人工智能研究成果和最佳实践的开放共享，对于整个技术领域的蓬勃发展具有至关重要的意义。

不同的研究机构、企业和开发者之间通过共享研究成果，可以实现互相学习、互相借鉴的良性循环。例如，一些开源的生成式人工智能项目吸引了全球范围内的开发者参与其中。这些开发者来自不同的文化背景、拥有不同的技术专长，他们在项目中共同改进算法、优化模型结构、提升模型性能。通过这种开放共享的合作模式，能够加速技术的迭代更新，使生成式人工智能技术能够更快地适应各种复杂的应用场景，并且能够更广泛地被应用于不同的领域，从而让更多人受益于这一前沿技术的发展成果。

通过遵循这些原则，我们可以负责任地使用 AIGC 工具，确保应用的高效性和安全性，进而推动生成式人工智能在各个领域的健康、有序发展。

你是否知道一些人工智能方面的法律法规？

知识链接

提示词

提示词是与生成式人工智能交互过程中的关键输入元素，它作为用户向人工智能系统传达需求、意图和任务的一种表达方式，扮演着人与人工智能对话的桥梁角色。通过这座桥梁，用户能够引导人工智能生成特定的输出。

从技术层面上讲，提示词在生成式人工智能模型中起着引导模型生成方向的作用。模型会根据提示词在其预训练的知识体系中进行搜索、组合和生成。尽管不同的生成式人工智能模型可能对提示词有不同的理解和处理方式，但总体而言，提示词的目的都是让模型能够准确地把握用户的期望，并生成相应的输出。

使用提示词时要遵循以下关键原则。

1. 准确性原则

提示词必须准确地表达用户的需求和意图。任何模糊、歧义的表述都可能导致生成式人工智能生成不符合期望的内容。

2. 完整性原则

提示词应包含足够的信息，以确保生成式人工智能能够全面地理解任务。除了主题之外，还应明确任务的类型、约束条件，以及期望输出内容的一些关键要素。

3. 简洁性原则

虽然提示词需要包含足够的信息，但也要简洁明了。过于冗长复杂的提示词可能会增加模型理解的难度，并且可能会引入不必要的干扰信息。

4. 安全性原则

提示词必须遵循安全性原则，不能引导生成式人工智能生成有害、违法或不道德的内容。例如，不能使用包含歧视性、攻击性、虚假信息等内容的提示词。在设计提示词时，应充分考虑到社会伦理、法律法规和道德规范等因素，确保生成的内容符合社会公序良俗。

5. 适应性原则

提示词要具有适应性，能够适应不同的生成式人工智能模型和版本。由于不同的模型有不同的特点和能力，同一个提示词在不同的模型上可能会产生不同的结果。因此，在进行提示词设计时，应充分考虑模型的通用性，尽量设计出能够在多种模型上都能取得较好效果的提示词。

（二）生成式人工智能工具的使用技巧

掌握一些实用技巧能够帮助我们更加高效地运用生成式人工智能工具，提升创作成果的质量。

1. 优化提示词

提示词在 AIGC 工具的使用中扮演着至关重要的角色，其设计水平直接关系到工具输出内容的质量。精心构建提示词有助于引导模型准确理解用户需求，进而生成更符合预期的结果。

（1）明确提示指令。明确的指令是优质提示词的核心要素。在构建提示词时，必须清晰无误地表达希望生成式人工智能完成的任务，避免模糊性或歧义性表述。

（2）提供上下文。提供相关的上下文信息对于模型更好地理解任务具有极大的帮助。在要求生成特定内容时，如创作一个故事，给出故事的背景设定是非常必要的。这些信息为模型提供了更多的线索，就如同为模型构建了一个特定的创作框架，使其能够生成更贴合用户预期的内容，增强内容的针对性和准确性。

（3）给出使用示例。在提示词中包含示例是一种行之有效的优化方法。当希望生成特定风格的内容时，给出一个类似风格的示例能够让模型更好地把握期望的风格、结构或逻辑。

（4）明确分步指令。对于复杂任务而言，将其分解为多个分步指令是一种明智的策略。例如，当需要生成一个包含多个部分的报告时，可以先指示模型生成报告的大纲。这个大纲能够为整个报告构建一个清晰的框架，明确各个部分的主题和逻辑关系。然后再根据大纲，逐步指示模型生成每个部分的内容。这种分步的方式有助于模型更好地组织思路，避免一次性处理过多信息而导致生成混乱的结果，提高生成内容的质量。

2. 组合各类工具

在实际应用 AIGC 工具时，我们常常需要组合使用不同的工具，以充分发挥它们各自的优势，实现更复杂、高效的任务处理。

（1）工具功能互补。不同的 AIGC 工具具有各自独特的功能特点。例如，部分工具在文本生成领域具有较好的性能，能够生成逻辑清晰、语言优美的文章；而另一些工具则在图像生成方面独具优势，能够创作出高质量、富有创意的图像。

（2）工作流程整合。为了提高效率和达成更好的效果，我们需要对各类工具的工作流程进行有效的整合。这一整合过程涉及多个关键环节，包括确定使用工具的先后顺序、数据的传递和共享等方面。

（3）数据共享与交互。在组合不同工具时，数据的共享与交互是一个不可忽视的重要因素。由于不同工具可能需要特定格式的数据输入，因此，我们需要将一个工具的输出数据转换为另一个工具能够接受的格式，以实现数据的无缝衔接和共享。

3. 善用对比

在使用 AIGC 工具的过程中，通过对比能够帮助我们更好地选择合适的工具、版本和参数，以满足不同任务的需求。

（1）不同工具对比。尝试使用不同的 AIGC 工具并进行对比是一种非常有效的策略。每个工具都有其自身的优点和局限性，通过对比，我们可以找到最适合特定任务的工具。

（2）不同版本对比。对于同一个 AIGC 工具的不同版本进行对比，同样具有重要意义。随着技术的不断发展，工具的版本更新往往会带来性能提升、功能改进或者新的特性。通过对比不同版本，我们可以选择性能更优、功能更全面的版本以满足需求。

（3）不同参数对比。在使用 AIGC 工具时，调整不同的参数并进行对比也是一种极具价值的技巧。以文本生成工具为例，我们可以对比不同的温度参数（该参数用于控制生成结果的随机性）对生成内容的影响。当温度参数设置较低（如 0.2）时，生成的内容可能会比较保守、符合常见模式；而当温度参数设置较高（如 0.8）时，生成的内容可能会更具创意、偏离常规。通过对比不同参数下的结果，我们可以根据具体的需求进行选择。

4. 多模态结合

多模态 AIGC 工具能够处理和生成多种类型的数据，如文本、图像、音频等。通过结合多模态工具，可以极大地丰富作品的表现形式，为创作带来更多的可能性。

（1）跨模态转换。利用多模态工具实现跨模态转换是一种非常有趣且实用的方法。例如，将文本描述转换为对应的图像，或将图像转换为文字描述。这种跨模态转换在很多领域都有广泛的应用，如艺术创作、广告设计等。

（2）同步生成。使用多模态工具进行同步生成多种形式的内容，可以确保它们在风格和主题上的一致性，从而提升作品的整体效果。例如，在制作视频时，通过多模态工具的同步生成功能，可以一次性生成风格统一的字幕和背景音乐。这不仅提高了制作效率，而且能够增强视频的整体感染力。

（3）增强互动性。通过多模态结合，还可以创建更具互动性和沉浸感的作品。例如，在制作包含文字、图像和音频的多媒体教学材料时，我们可以充分利用不同模态内容之间的互动性。文字可以提供详细的知识点讲解，这是知识传递的基础部分。图像可以直观地展示相关概念或实例，帮助学习者更好地理解抽象的知识内容。音频可以通过语音讲解、音效或背景音乐来增强学习氛围。学习者还可以根据自己的需求与这些不同模态的内容进行互动，例如，点击图像查看详细注释，调整音频播放速度等。这种互动性能够提高学习者的积极性和参与度，从而提升学习效果。

通过掌握以上技巧，我们能够更加有效地使用 AIGC 工具，充分发挥其优势，提升创作效率，进而生成更高质量的内容，以满足不同领域和任务的需求。

你还知道哪些关于生成式人工智能工具的使用技巧？请与同学交流、讨论。

任务实施

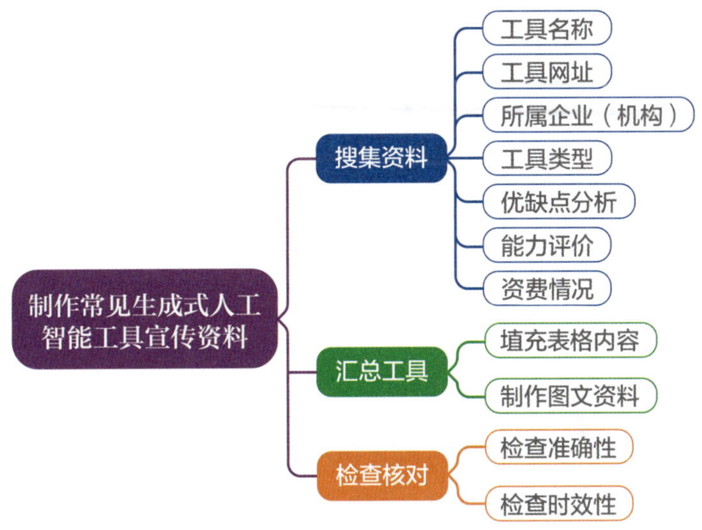

一、搜集资料

本任务需要搜集的资料包括 AIGC 工具的名称、网址、所属企业（机构）、类型、优缺点分析、能力评价、资费情况等方面内容。

（一）工具名称

为了获取常见的 AIGC 工具的名称，可以利用搜索引擎，在专业论坛、社交媒体、科技资讯网站、行业报告等板块广泛搜集。

（二）工具网址

确定工具名称后，要进一步搜索并确认每个工具的官方网址。此过程需谨慎，因为网络上可能存在误导性的链接。

首先，可以尝试在搜索引擎中输入工具名称加上“官方网址”等关键词进行搜索。一般来说，官方网站在搜索结果中的排名会比较靠前。对于一些比较知名的工具，还可以通过官方宣传资料、产品文档或者其他官方渠道获取网址信息。

在获取到网址后，要进行验证。单击网址链接，观察是否能够正常访问工具的官方网站。如果遇到网址跳转或者显示“错误页面”的情况，则这个网址可能存在问题，需要重新查找和确认。同时，还要注意网址的安全性，避免访问可能存在恶意软件或者钓鱼风险的网站。

（三）所属企业（机构）

查找每个工具所属的企业或机构需要深入挖掘工具的背景信息。可以从工具的官方网站开始查找，通常在网站的“关于我们”或者“公司简介”等板块会提及所属的企业或机构。如果官方网站没有明确提供这一信息，可以通过搜索引擎再次进行搜索，输入工具名称时加上“所属企业”或“所属机构”等关键词。

了解工具所属的企业或机构在人工智能领域的地位和影响力是非常重要的。可以查看企业或机构的规模、研发实力、市场份额、合作伙伴等方面的信息来评估其地位。例如，一些大型的科技企业在人工智能领域投入了大量的资源进行研发，拥有众多的专利技术和顶尖的研发团队，它们推出的 AIGC 工具往往具有较高的可靠性和更广阔的发展潜力；而一些专注于特定领域的小型机构，可能在某些特定的应用场景下具有独特的优势。

（四）工具类型

对搜集到的 AIGC 工具进行分类是为了更清晰地展示工具的特点和应用场景。根据工具的主要功能，可以将其分为文本生成、图像生成、音频生成、视频生成等类型。

在确定工具类型时，需要综合考虑工具的官方介绍、实际应用案例、用户评价等多方面的信息。

（五）优缺点分析

分析每个 AIGC 工具的优缺点需要从多个角度入手。首先，用户评价是一个重要的参考来源。我们可以在应用商店、论坛、社交媒体等平台查看用户对工具的评价，了解工具的优点和不足。

专业评测也是评估工具优缺点的重要依据。许多专业的科技媒体或评测机构都会对 AIGC 工具进行详细评测。他们会从技术角度出发，对工具的算法性能、生成效果、资源占用等方面进行测试和分析。我们还可以亲自试用工具，直观地感受工具的界面设计是否友好、交互是否便捷等方面的优点和不足。

在分析时，要注意全面性和客观性，不能仅仅因为某个工具在某一方面表现出色就忽略其存在的其他问题，也不能因为某个工具存在一些小的不足就否定其整体价值。

（六）能力评价

综合考虑 AIGC 工具的生成效果、准确性、创造性、灵活性等方面，对其能力进行客观评价。

1. 生成效果

生成效果是评估生成内容是否符合预期的质量标准。对于文本类 AIGC 工具，要看生成的文章是否语句通顺、逻辑连贯、内容丰富；对于图像类 AIGC 工具，要考察生成的图像是否清晰、逼真，具有艺术感；对于音频类 AIGC 工具，要判断生成的音频是否音质良好、音色自然等。

2. 准确性

在文本生成中，准确性体现在是否正确理解输入的指令并生成与之相关的内容，是否存在事实性错误等；在图像和音频生成中，准确性可能体现在是否能够根据给定的条件准确生成相应的图像或音频内容。

3. 创造性

创造性是指工具在生成内容时是否具有独特的创意和创新能力。例如，文本类 AIGC 工具是否能够创造出新颖的故事情节、独特的观点，图像类 AIGC 工具是否能够生成具有独特风格的艺术作品，音频类 AIGC 工具是否能够创造出与众不同的音乐旋律或音效组合。

4. 灵活性

灵活性体现在工具是否能够适应不同的输入条件和应用场景。例如，一个好的文本类 AIGC 工具应该能够根据不同的主题、风格等要求生成相应的内容，图像类 AIGC 工具应该能够根据不同的尺寸、分辨率、色彩模式等要求生成合适的图像，音频类 AIGC 工具应该能够根据不同的音乐风格、情感表达等要求生成相应的音频。

为了确保评价的全面性和公正性，需要参考多个权威来源的评价指标和数据，如专业的科技评测机构、行业研究报告、学术论文等。

（七）资费情况

了解每个 AIGC 工具的资费情况需要仔细研究其收费模式。首先，要关注免费版的功能限制。许多工具会提供免费版本供用户试用，但免费版通常会在功能上有所限制，如生成的内容数量有限、生成质量较低、无法使用某些高级功能等。

对于付费版，要了解其价格档次和所提供的额外服务。有些工具可能只有一种付费模式，而有些工具可能会提供多种价格档次供用户选择，不同的价格档次对应着不同的功能和服务。同时，还要关注是否有试用期限、优惠活动等信息。有些工具会提供一定期限的免费试用，用户可以通过试用，测试工具是否满足自己的需求。

为了更好地了解一款生成式人工智能工具，你觉得还需要搜索哪些信息？请自行补充。

二、汇总工具

（一）填充表格内容

将经过搜索和整理好的关于 AIGC 工具的信息，按照表格模板的要求，逐一且认真地填写。在填写过程中，要确保每个单元格中的信息准确无误且完整。例如，在填写工具名称时，要按照官方的准确名称进行填写，避免缩写或拼写错误；在填写网址时，要将完整的、经过验证的官方网址准确录入；对于所属企业（机构）信息，要清晰地写出全称，如果企业（机构）有简称或者英文名称，也可以在括号内进行补充标注。

（二）制作图文资料

根据表格中的内容，选取具有代表性的 AIGC 工具来制作图文并茂的资料，以更直观的方式向受众展示工具的特点和使用方法。

1. 工具的界面截图

在截取界面截图时，应选择能够充分展示工具主要功能区域和特色功能按钮的界面，确保截图清晰、完整，没有任何遮挡或者模糊不清的部分。例如，对于文本类 AIGC 工具，截图要能显示出输入框、生成按钮、风格选择菜单等关键元素；对于图像类 AIGC 工具，要能展示出图像生成的参数设置区域、素材库（如果有）、生成结果展示区等。

2. 生成效果示例

生成效果示例也是图文资料的重要组成部分。对于文本类 AIGC 工具，可以选取一些具有代表性的输入指令，如“写一篇关于人工智能在医疗领域应用的文章”，然后将工具生成的文章内容展示出来，同时可以对生成文章的质量、内容丰富度等方面进行简要的文字说明；对于图像类 AIGC 工具，可以展示不同类型的输入条件（如不同的主题、风格要求）下生成的图像，并且从图像的清晰度、色彩搭配、创意等角度进行评价；对于音频类 AIGC 工具，可以播放一小段由工具生成的音频，并对音频的音质、音色、是否符合预期情感等方面进行描述。

3. 操作流程示意图

操作流程示意图可以帮助读者更好地理解和掌握工具的使用方法。示意图应简洁明了，使用箭头、序号等元素清晰地展示出从打开工具到完成生成任务的整个操作过程。例如，对于一款视频类 AIGC 工具，可以按照“打开工具—选择模板—输入素材—设置参数—生成视频—保存结果”来绘制示意图，并且在每个步骤旁边简要地注明注意事项。

三、检查核对

检查核对包括检查准确性与时效性两项内容。

（一）检查准确性

1. 名称准确

再次对工具的名称进行细致的核对工作。对于中文名称要检查其是否准确，无错别字；对于英文名称，要检查是否存在单词拼写、字母大小写错误。同时，对于一些名称相似的工具，要检查是否存在名称混淆的情况。此外，对于一些包含特殊字符或缩写的名称，要检查其使用是否符合有关规定或行业惯例。

2. 网址准确

重新单击网址链接，确保其能够正常、快速地访问到工具的官方网站。在访问过程中，要仔细观察网址的跳转情况，确保没有跳转到其他非官方或者不安全的网站。如果在访问过程中出现任何问题，如页面加载缓慢、显示错误信息或者跳转到与工具无关的页面，都要重新查找和确认网址的准确性。同时，还要检查网址是否存在格式错误，例如是否遗漏了协议（如“http://”或者“https://”）或者是否存在多余的字符。

3. 描述准确

仔细审查对工具优缺点、能力评价和资费情况等方面的描述内容。对于优点的描述，要确保所列举的优点是基于实际情况且能够被验证的。例如，如果提到某个工具的生成速度快，那么要能够提供相应的证据或者数据支持，如在特定条件下的生成时间对比等。对于缺点的描述，同样要基于事实，不能夸大或者歪曲事实。在能力评价方面，要检查描述是否全面、客观地反映了工具在生成效果、准确性、创造性、灵活性等各个方面的表现。对于资费情况的描述，要核对是否准确地列出了免费版的功能限制、付费版的价格档次，以及对应的服务内容，确保没有遗漏或者错误表述任何重要信息。

（二）检查时效性

1. 版本查询

在官方网站上，通常会有版本信息的显示区域，一般位于网站的底部或者关于产品的介绍页面中。同时，要注意有些工具可能会有不同的版本，如针对不同操作系统或不同用户群体的版本，要确保记录的是最通用或者最适合大众使用的版本信息。

2. 网址查询

再次检查工具的网址是否有变更或更新。由于网络环境的动态性，工具的官方网址可能会因为各种原因发生改变，如企业重组、服务器迁移等。可以通过搜索引擎查询工具的官方网站是否有网址变更的公告，或者直接联系工具的官方客服进行确认。

3. 资费情况查询

再次查看工具官方网站的资费说明板块或者最新的公告信息，以确认资费情况是否有调整或者变动。有些工具可能会根据市场需求、运营成本等因素调整其收费模式，如增加新的价格档次、修改免费版的功能限制或者推出新的优惠活动等。

项目小结

通过本项目的学习，你已经了解了人工智能与生成式人工智能的基本概念与使用技巧，熟悉了常见的 AIGC 工具。下图为你总结了本项目的主要内容，供你回顾整个项目，总结项目学习成果。

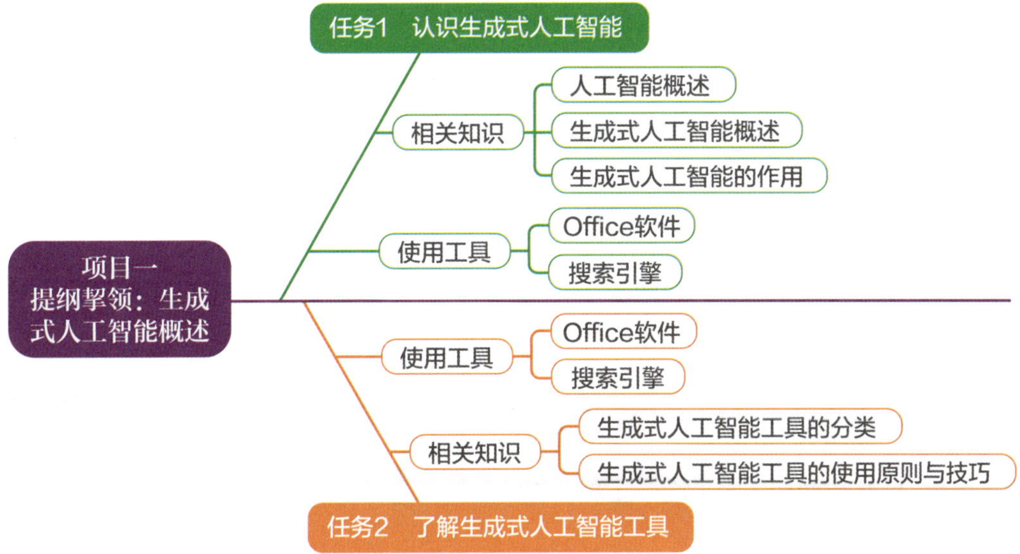

拓展探究

多模态人工智能

“模态”是数据的类型或表示形式，像文本、图像、音频、视频等都是常见模态类型。不同模态各具独特性质，文本抽象且富含语义性，图像直观展示空间信息，音频有时间序列性与情感表达力，视频兼具图像和音频的特点。

多模态人工智能是一种能够融合处理多种不同类型数据模态的先进人工智能技术，它突破了传统单一模态数据处理的局限，旨在模拟人类感知和理解世界时多感官协同的方式。它通过深度学习，挖掘不同模态数据内在的关联与互补性，如将图像的视觉特征与文本描述相结合，实现了对复杂信息的全面、深入、精准处理。

多模态人工智能的快速发展为人们的生活、学习、工作等方面均带来了极大便利。例如，在智能家居系统中，通过融合语音、图像与环境传感器数据，实现了自动化调控、异常行为监测和安全预警；在医疗健康领域，多模态技术整合医学影像、病历文本和生理信号，辅助医生提升诊断准确性与效率；在在线教育中，系统利用视频、文字和互动数据，为学生提供个性化的学习建议和即时反馈；在市场营销中，通过对社交媒体上的文本、图片和音频数据进行综合分析，精准把握消费者需求，优化广告投放和品牌推广。

通过以上例子可以发现，多模态人工智能的核心在于其全面、深入、精准地处理复杂信息的能力。这种能力使得多模态人工智能能够为各种场景提供智能、有效的解决方案。展望未来，随着硬件性能的不断提升和数据资源的日益丰富，多模态人工智能技术将在更多领域发挥关键作用，为推动各行业数字化转型和智能化升级提供强大技术支撑。

课后练习

1. 简述人工智能的概念。
2. 简述生成式人工智能与人工智能的关系。
3. 用自己的语言总结生成式人工智能的使用原则。
4. 查阅资料，制作一张主题为“人工智能发展史”的图表，包含人工智能发展历史上的重要人物、关键事件等信息。
5. 练习使用各类 AIGC 工具，尝试总结符合不同场景需要的提示词模板。

项目二

妙笔生花：人工智能生成文本

项目导读

当前，生成式人工智能正加速融入各个行业，成为推动社会创新发展的重要力量。在文本生成领域，文本类 AIGC 工具为内容生产带来前所未有的变革。通过深度学习和自然语言处理技术，我们可以利用这些工具理解语义、把握语境，创作出逻辑清晰、风格多样的文本内容。它们不仅能够显著提升创作效率，更能激发创作灵感，为传统写作模式注入新的活力。

本项目将带你开启 AIGC 文本创作的实践之旅，通过“生成宣传稿”“生成新闻播报稿”“生成公众号文章”3 个实践任务，亲身体验文本生成技术的强大功能。我们将学习如何设计有效的提示词，并对生成内容进行精准地润色与调整。通过本项目的学习，你将学会使用文本类 AIGC 工具，培养人机协作的创新思维，为未来职业发展奠定基础。

学习目标

1. 了解常用的文本类 AIGC 工具及其基本功能。

2. 掌握提示词的设计方法与优化技巧，能够根据生成效果迭代调整提示词，提升文本生成质量。

3. 能运用文本类 AIGC 工具生成非结构化和结构化文本，满足不同场景的需求，并对生成内容进行润色与优化。

4. 培养人机协作环境下的创作能力，能有效利用文本类 AIGC 工具辅助文本创作，提升实际应用水平，培养探索精神和创新意识。

任务 1　生成宣传稿

任务描述

一、任务情境

大国工匠以其精湛的技艺、严谨的态度和不懈的创新精神，已然成为推动国家制造业高质量发展不可或缺的重要力量。他们不仅是各自技术领域的佼佼者，更是工匠精神的忠实传承者与积极践行者，用实际行动生动诠释了“执着专注、精益求精、一丝不苟、追求卓越”的工匠精神。作为校学生会宣传部的成员，你将通过校园宣传栏，分期向同学们宣传大国工匠的事迹，旨在激发同学们对技能的热爱与追求，坚定大家走技能成才、技能报国之路的决心。为此，你需要搜集大国工匠的事迹报道，从中提取其事迹要点，撰写宣传栏的文字材料。

二、任务要求

1. 使用文本类 AIGC 工具，根据所提供的任务资料（也可自行搜索），生成一期宣传大国工匠的宣传稿，内容涉及 2 位大国工匠，总字数为 800~1 200 字。

2. 以清晰、简洁的文字总结每位大国工匠的事迹要点，如主要成就、成功的关键因素，以及励志故事等。

3. 注意审核资料的来源，确保信息的真实性。

三、任务资料

《李凤远：为国之重器装上智慧大脑》《赵中远：至精匠艺　成就“电网神医”》（见素材库）。

任务目标

1. 能自主搜集关于大国工匠的事迹报道，作为撰写宣传稿的参考资料。

2. 了解宣传栏文章的内容要求和写作技巧、人工智能生成文本的基础知识，以及常用的文本类 AIGC 工具，并能列举其具体应用场景。

3. 掌握提示词的设计方法与优化技巧，能使用文本类 AIGC 工具生成符合要求的宣传稿。

相关知识

一、宣传栏文章概述

宣传栏是一种公共信息传播设施，通常设置在公共场所，如学校、企业、社区、街道等地，用于展示公告、通知、新闻、活动信息、文化宣传内容等。它以一种直观、易读的方式，向过往的行人或特定群体传达信息，起到告知、教育、启发、动员等作用。

宣传栏文章是指专门为宣传栏撰写的文章或文字内容。这些文章通常具有明确的主题和目的，如宣传某项政策、活动、人物事迹，或普及某方面的知识、理念等。宣传栏文章要简洁明了，语言通俗易懂，同时配以适当的标题、图片或图表，以吸引读者的注意力并增强传达效果。由于宣传栏的空间有限，文章通常要求篇幅短小精练，能够迅速抓住读者的眼球并传达核心信息。

（一）文章内容要求

1. 真实性

宣传栏的内容必须真实可靠，不得夸大其词或编造事实。确保信息的准确性和可信度是赢得受众信任的基础。

2. 针对性

宣传栏的内容应根据受众的特点和需求进行撰写，确保内容贴近受众的生活和工作实际，提高信息的接受度和认同感。

3. 时效性

及时发布最新信息，确保受众能够及时了解最新动态和变化。同时，也要注重文章的时效性，避免发布过时的信息。

4. 可读性

应采用简洁明了的语言表达，避免使用专业术语和复杂的句子，提高内容的可读性和易理解性。

（二）文章写作技巧

1. 标题设计

标题是文章的“眼睛”，应突出文章的主题和亮点，吸引受众的注意力。同时，标题也要简洁明了，避免过长或过于复杂的表述。

2. 结构布局

文章应采用合理的结构布局，一般包括引言、正文和结尾等部分。引言部分简要介绍文章背景和目的，正文部分详细阐述文章内容，结尾部分总结文章要点并呼吁受众参与或行动。

3. 图文编排

适当添加图片、图表等视觉元素，可增强文章的可读性和吸引力。图片的选择应与文章主题紧密相关，排版也要体现文章的整体风格。

4. 语言风格

文章应采用亲切、生动的语言风格，避免生硬、呆板的表述方式。可以运用比喻、排比等修辞手法，增强文章的表现力和感染力。

二、文本生成基础知识

人工智能文本生成是指利用人工智能技术，特别是自然语言处理和机器学习，来自动创建或辅助创建文本内容的过程。这种技术可以模拟人类的写作风格和逻辑，生成从简单的社交媒体帖子到复杂的新闻、报告、故事、诗歌等各种类型的文本。

人工智能文本生成大体可分为两类：非交互式文本生成与交互式文本生成。

非交互式文本生成是指人工智能模型根据预设的输入或指令，独立生成文本内容，而无须实时与用户进行交互。其主要应用方向包括结构化写作、非结构化写作和辅助性写作。

交互式文本生成是指人工智能模型在实时与用户交互的过程中，根据用户的输入，动态生成文本内容，多用于虚拟助手、智能客服、心理咨询、文本交互游戏等涉及互动的应用场景。

以下主要介绍非交互式文本生成的相关内容。

（一）结构化写作

结构化写作是一种遵循预定义的规则和格式进行的写作方式，强调通过清晰的结构和逻辑组织内容，其应用场景广泛。

1. 标题生成

智能分析文本内容，提取关键信息，自动生成引人入胜且符合搜索引擎优化要求的标题，应用于新闻报道、博客文章、社交媒体帖子等，从而帮助提高点击率和用户参与度。

2. 新闻播报

根据新闻数据自动生成新闻稿件，并通过语音合成技术进行播报，适用于 24 小时新闻频道、在线新闻平台等，实现新闻的实时更新和快速传播。

3. 报告撰写

处理和分析大量数据，自动生成行业报告、市场分析报告等，为企业决策、科研机构研究等提供数据支持和深入洞察。

4. 电子邮件营销

根据用户数据和营销策略，自动生成个性化的电子邮件内容，应用于电子商务、金融服务等行业，提高电子邮件的打开率和转化率。

（二）非结构化写作

非结构化写作是一种以自由形式进行的写作方式，不依赖于预定义的模板或格式，更注重内容的创造性和表达的灵活性，主要在以下场景应用。

1. 剧情续写

根据已有的故事情节，自动生成后续的剧情发展，为文学创作提供新的灵感，适用于小说创作、剧本编写等，为作者提供创作辅助。

2. 营销文本撰写

根据产品特点和目标受众，生成具有吸引力和说服力的营销文案，应用于广告推广、社交媒体营销等，以提高产品的知名度和销量。

3. 博客与文章撰写

根据给定的主题或关键词，自动生成内容丰富的博客文章或专栏文章，适用于内容营销、搜索引擎优化等，提供持续的内容输出。

4. 故事创作

根据用户输入的线索或情节，自动生成完整的故事文本，适用于儿童故事、科幻小说等，为用户提供有趣的阅读体验。

（三）辅助性写作

辅助性写作是指在写作过程中对文本数据进行分析和学习，为用户提供写作建议、语法检查、风格优化等，以提高效率、优化内容、提升质量的写作方式，可应用于以下场景。

1. 相关内容推荐

根据用户的写作主题和风格，推荐相关的资料、案例，适用于学术论文、新闻报道等，帮助用户丰富文章内容。

2. 润色与校对

对用户提供的文本进行语法检查、拼写纠正和句式优化，适用于商业文案、学术论文等，以提高文本的质量和可读性。

3. 智能摘要

对长篇文本进行自动摘要，提取关键信息和核心观点，适用于新闻摘要、学术论文摘要等，帮助用户快速了解文本内容。

4. 翻译与本地化

对文本进行自动翻译和本地化处理，以适应不同语言和地区的受众，适用于跨境电商、跨国企业等，提供跨语言的内容支持。

三、常用文本类 AIGC 工具

随着人工智能技术的飞速发展，文本生成领域迎来了前所未有的创新。众多的人工智能大模型凭借其强大的语言处理能力和广泛的应用场景而备受瞩目。这些工具不仅能够帮助用户快速生成高质量、富有创意的文本内容，还能在知识问答、客户服务等多个领域发挥作用。以下介绍几种常用的文本类 AIGC 工具。

（一）文心一言

文心一言是一款知识增强型大语言模型，它能够根据用户的输入，生成逻辑性强、连贯性好的文本内容。其“创意写作”功能提供包括深度写作、改写、扩写、仿写、润色、缩写、续写等多种文章优化功能，还提供包括日常办公、专业文稿、新闻媒体等多种体裁模板，帮助用户提高写作效率和质量，满足用户多样化的写作需求。文心一言“创意写作”功能页面如图 2–1–1 所示。

（二）DeepSeek

DeepSeek 是一款专注于帮助用户高效获取信息、解决问题的 AIGC 工具。它擅长通过算法处理大量数据，提供简洁准确的回答，并能完成多轮对话、代码生成、数学推理等任务。

DeepSeek 的代表模型有“DeepSeek–R1”与“DeepSeek–V3”。前者是推理模型，擅长数学推理、逻辑分析等任务，生成回答前会展示思考过程；后者为通用模型，可以精确响应用户指令，适用于一般的生成任务。DeepSeek 主界面如图 2–1–2 所示。

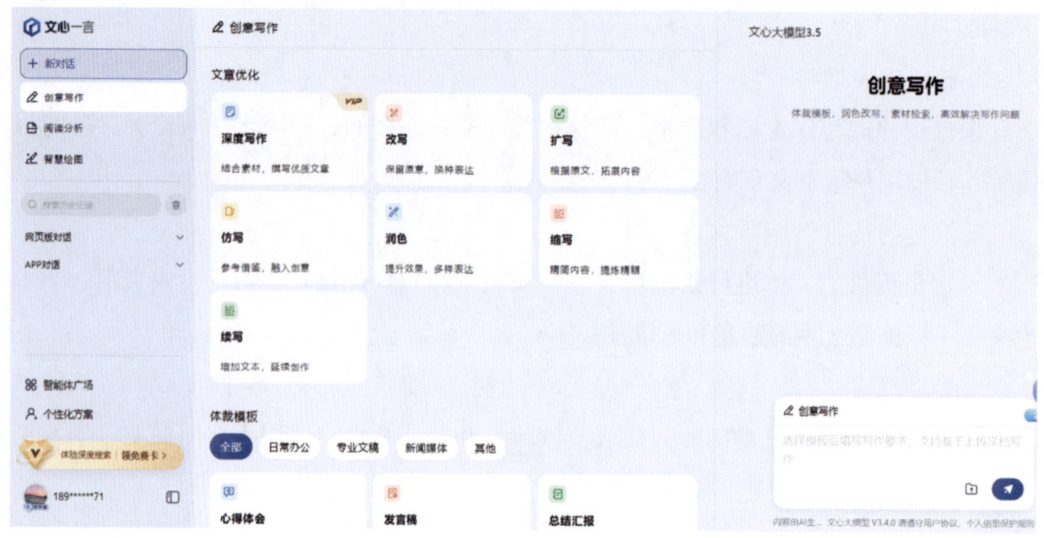

图 2-1-1　文心一言“创意写作”功能页面

图 2-1-2　DeepSeek 主界面

知识链接

推理类模型

DeepSeek 的特点之一就是内含推理模型。它通过分步分析和逻辑推导，模拟人类的推理过程，特别擅长处理复杂逻辑推理、数学问题求解、代码生成等任务。

与通用模型不同，推理模型在回答用户问题之前会生成思维链，确保输出的准确性和可解释性。例如，在解决数学问题时，推理模型会逐步展示推导过程，而非直接给出答案，这使得其在需要严谨逻辑的任务中表现尤为出色。同时，由于存在推理过程，推理模型生成的内容不总是贴合用户的提示词要求。因此，推理类模型更适合做一些创意类、探究性工作。

（三）通义

通义是一款超大规模语言模型，具备对话和文本生成能力。它能够理解用户的复杂问题，提供详细回答，并支持多轮对话，可根据用户反馈动态调整生成内容，以更好地满足用户需求。这款工具适用于教育、科研、商业等多个领域，可帮助用户快速获取信息、提高工作效率。通义的应用界面如图 2–1–3 所示。

图 2–1–3　通义应用界面

（四）智谱清言

智谱清言是一款结合了自然语言处理和知识图谱技术的智能文本生成工具。它能够根据用户输入的关键信息，快速生成结构清晰、内容丰富的文本内容，并支持文本分析和优化功能，以提升文本质量和可读性。此外，该工具还提供丰富的模板和示例库，便于用户创建符合特定要求的文本，适用于撰写学术论文、商业报告，以及日常沟通等场景。智谱清言的应用界面如图 2–1–4 所示。

四、提示词设计方法与技巧

在设计用于人工智能生成文本的提示词时，关键在于确保这些提示词能够引导人工智能文本生成工具产生准确、相关且符合期望的文本输出。

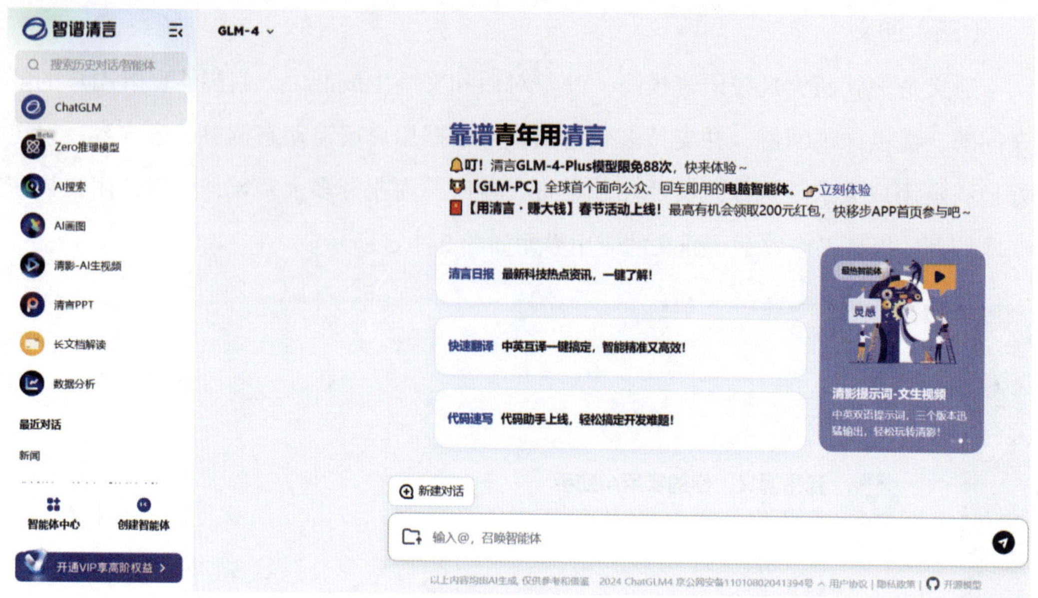

图 2-1-4　智谱清言应用界面

（一）提示词设计方法

1. 明确目标

清晰定义文本生成的目标，包括文本的类型（如新闻报道、产品描述、对话内容等）、主题、目的（如娱乐、教育、宣传等），以及预期的受众。确保提示词具体且明确，避免模糊或过于宽泛的描述。

2. 提供背景信息

提供必要的、与生成任务紧密相关的背景信息，包括相关的历史背景、情境描述、事件经过等，以帮助人工智能文本生成工具理解生成内容所需的上下文环境。

3. 使用关键词

在提示词中明确列出希望在文本中提及的关键词或短语，确保生成的文本包含重要的信息点。如果某些关键词比其他关键词更重要，可以在提示词中通过强调或重复来体现这一点。

4. 控制文本风格

明确提示生成文本使用特定的语言风格，如正式、休闲、幽默、专业等，以及可能的情感倾向，如积极、中立、消极等。使生成的文本更加符合特定的受众需求或情境要求，提高文本的吸引力和可读性。

5. 限制与约束

明确列出不希望或不允许在文本中出现的内容或词汇，如敏感信息、不当言论、重复内容等。确保生成的文本符合法律法规、道德规范或特定的内容要求，避免产生负面影响或争议。也可根据需要，对生成的文本长度或结构进行限制，如要求生成短篇故事或特定格式的邮件。

6. 鼓励多样性与创新

在提示词中鼓励人工智能文本生成工具尝试不同的表达方式、结构或视角，以生成更加多样化和创新的文本。

（二）提示词设计技巧

1. 借助 AIGC 工具

AIGC 工具本身就可以生成各种类型的文本，按需生成提示词自然也不在话下。各类 AIGC 工具经过大量文本数据预训练，积累了丰富的语言知识与语义理解能力。当请求其生成特定任务提示词时，它能依据知识体系与对任务的初步理解，快速生成提示词初步框架。

例如，Kimi 的“Kimi+”板块集成了众多官方或用户设置的 AI 助理。其“办公提效”栏目的“提示词专家”功能，助力用户“零门槛成为提示词大师”，登录入口如图 2-1-5 所示。用户只需输入提示词需求，就能迅速获得结构化提示词框架，并根据实际需求进行个性化调整。

图 2-1-5 “提示词专家”功能登录入口

2. 转化传统思维模型

传统的思维模型蕴含着丰富的逻辑结构和分析方法，将其转化为提示词框架是一种极具创意且有效的方式。

以 SCQA 模型为例，该模型包括情境（situation）、冲突（complication）、问题（question）和答案（answer）。情境描述是一个大家都熟悉的背景信息，冲突是在这个情境中发生的矛盾或问题，问题是基于冲突提出的疑问，答案是针对问题给出的解决方案。

下面以撰写一篇关于推广新型节能家电的营销文案为例，生成基于 SCQA 模型的具体提示词。

【情境】在如今倡导绿色生活、节能减排的大环境下，消费者对家电的节能性能越发关注。越来越多的家庭意识到节能家电不仅能降低生活成本，还对环境保护有着积极意义。【冲突】然而，市场上节能家电品牌众多，产品质量和节能效果参差不齐，消费者在选择时常常感到困惑，不知如何挑选到真正优质且节能的家电产品。【问题】怎样才能让消费者清晰了解我们这款新型节能家电在众多产品中的独特优势，放心选择我们的产品呢？【答案】请你为我撰写一份营销文案，详细阐述这款新型节能家电的创新节能技术，通过与同类产品的对比，突出其在节能效果、产品质量及性价比方面的显著优势，提供权威的节能认证和用户好评，打消消费者的顾虑，引导消费者选择购买。

需要注意的是，将传统思维模型转变成提示词时，其适用范围应保持一致。例如，SCQA 模型适用于引发受众兴趣、传递解决方案等场景，相应地，改编后的提示词也更适合用于产品推广、问题解决类方案撰写等工作。

> 想一想，还有哪些经典思维模型适合转化为提示词框架？

3. 进行结构化表达

结构化表达对撰写优质提示词至关重要。将提示词拆分为“立角色、述问题、定目标、补要求”等部分，能更清晰地向 AIGC 工具传达任务需求。“立角色”明确任务主体，帮助 AIGC 工具确定思考与处理任务的角度；“述问题”阐述需解决的问题，让其知晓任务核心；“定目标”设定任务达成目标，使其明确努力方向；“补要求”对任务提出具体要求，如格式、风格、限制条件等。

使用“立角色 + 述问题 + 定目标 + 补要求”的万能模板，可快速生成符合需求的提示词。

> 请你尝试总结出更多的结构化提示词模板。

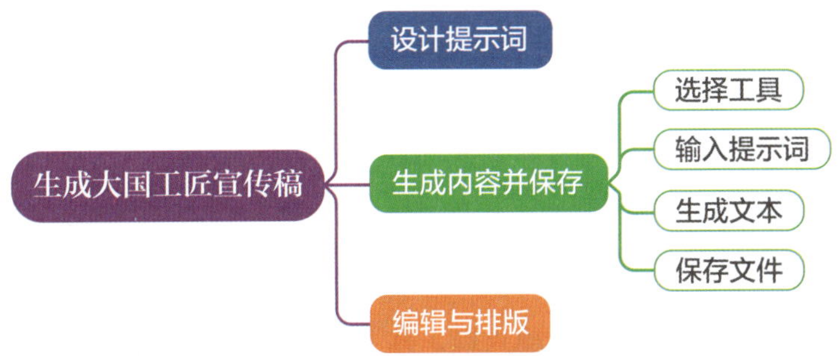

一、设计提示词

结合本任务要求，根据上述提示词设计技巧，设计如下提示词。

明确目标：我是一所技师学院学生会宣传部的成员，现需生成一期宣传栏的文字稿，内容是两位大国工匠的事迹材料。

提供背景信息：宣传材料旨在弘扬工匠精神，鼓励同学们学习他们的专业精神和奋斗历程。请从《李凤远：为国之重器装上智慧大脑》《赵中远：至精匠艺　成就“电网神医”》两篇素材中总结每位大国工匠的事迹要点，如主要成就、成功的关键因素，以及励志故事等。

使用关键词：匠心筑梦、技能报国。

控制文本风格：每部分内容独立成段，表述清晰、简洁、生动，注重故事性和感染力，避免专业术语的堆砌，确保学生易于理解。

限制与约束：所有信息都要确保真实，总字数为 800~1 200 字。

鼓励多样性与创新：在保证真实性的基础上，尝试使用新颖的角度和表达方式，增强文章的吸引力和可读性。

将以上提示词整理如下：

我是一所技师学院学生会宣传部的成员，现需生成一期宣传栏的文字稿，内容是两位大国工匠的事迹材料。宣传材料旨在弘扬工匠精神，鼓励同学们学习他们的专业精神和奋斗历程。请从《李凤远：为国之重器装上智慧大脑》《赵中远：至精匠艺　成就“电网神医”》两篇素材中总结每位大国工匠的事迹要点，如主要成就、成功的关键因素，以及励志故事等。关键词：匠心筑梦、技能报国。每部分内容独立成段，表述清晰、简洁、生动，注重故事性和感染力，避免专业术语的堆砌，确保学生易于理解。所有信息都要确保真实，总字数为 800~1 200 字。在保证真实性的基础上，尝试使用新颖的角度和表达方式，增强文章的吸引力和可读性。

二、生成内容并保存

（一）选择工具

本任务介绍了文心一言、通义等多种常见的文本类 AIGC 工具，以下将使用文心一言演示文本生成的过程。

（二）输入提示词

将整理好的提示词复制粘贴到输入框，并上传两篇文章原文。

（三）生成文本

单击“发送”按钮，文心一言会根据输入提示词生成相应文本，并在输出框中显示，如图 2-1-6 所示。

中国梦·大国工匠篇：匠心筑梦，技能报国

在中华民族伟大复兴的征程中，有这样一群人，他们默默无闻，却以精湛的技艺和无私的奉献，在各自的领域里书写着不凡的篇章。他们，就是大国工匠。今天，让我们走近李凤远和赵中远，感受他们如何用智慧和汗水，为国家的建设和发展贡献力量。

李凤远：为国之重器装上智慧大脑

在浩瀚的地下世界里，有一种被称为“穿山甲”的盾构机，它如同一条巨龙，穿梭在崇山峻岭之间，打通了一条条通往未来的隧道。而这一切的背后，离不开中铁隧道局盾构及掘进技术国家重点实验室的总工程师李凤远的智慧与汗水。

李凤远，一个将青春和热血奉献给盾构事业的普通人，却凭借着对技术的执着追求，让盾构机拥有了“智慧大脑”。从西康铁路秦岭隧道的掘进机维修，到广深港客运专线狮子洋隧道的技术攻关，李凤远始终奋战在施工一线，用双手和智慧破解了一个又一个技术难题。

面对盾构机在复杂地质条件下的掘进难题，李凤远没有退缩，而是带领团队迎难而上，开展高效破岩与场变控制、极端工况装备设计与制造等研究。经过无数个日夜的奋战，他们终于研发出了盾构隧道智能建造系统，让盾构机实现了“有人值守、无人动手”的安全平稳掘进。这一成果不仅大大提高了工程建造效率，还为国家节省了大量的人力与物力。

创意写作 文档分析 网页分析 智慧绘图 多语种翻译 | 我的指令 开通会员

通过shift+回车换行；支持复制粘贴/拖拽上传图片、文档和音频

帮我润色

内容由AI生成，无法确保真实准确，仅供参考，请遵守《文心一言用户协议》、《文心一言个人信息保护规则》，基于文心大模型，版本：V3.3.0

图 2-1-6　文心一言输出框界面

（四）保存文件

滚动鼠标或下拉网页右侧的滚动条至输出框底部，单击“复制”按钮，如图 2-1-7 所示。将复制好的文本粘贴到 Word 或 WPS 文档，或单击“存储”按钮，选择下载到本地，如图 2-1-8 所示。

图 2-1-7　“复制”按钮　　图 2-1-8　“存储”按钮及菜单栏

三、编辑与排版

根据需要，使用 Word 或 WPS Office 等软件对文字材料进行编辑或排版。

任务 2　生成新闻播报稿

任务描述

一、任务情境

世界技能大赛是国际技能领域的顶级盛事，被誉为“世界技能奥林匹克”。我国自 2010 年正式加入世界技能组织以来，已连续多次参加世界技能大赛，竞赛成绩连年突破，屡创新高。在第 47 届世界技能大赛中，我国代表团凭借卓越的表现，荣获 36 枚金牌、9 枚银牌、4 枚铜牌和 8 个优胜奖，位居金牌榜、奖牌榜和团体总分榜首位。作为校广播站的成员，你将负责制作一期特别报道，向全校师生宣传我国代表团在世界技能大赛中的辉煌成就和冠军选手事迹，鼓励同学们树立技能报国之志，弘扬工匠精神，用技能点亮自己的人生道路。

二、任务要求

1. 使用文本类 AIGC 工具，生成一篇关于我国代表团在第 47 届世界技能大赛中获奖情况的新闻播报稿，字数约 1 000 字。

2. 新闻播报稿的主要内容需包括金牌、银牌、铜牌和优胜奖的具体数量，以及我国在金牌榜、奖牌榜和团体总分榜的排名情况，并选择两个金牌项目详细介绍冠军选手的事迹，适当加入对冠军精神的评述，激励同学们的学习热情。

3. 设计一段吸引人的开场白，以吸引听众注意力，并在结尾处设计一段精彩的结束语，增强新闻的整体吸引力。

4. 新闻播报稿应以客观、准确的方式撰写，符合新闻播报稿的格式和风格，确保信息的真实性、时效性和权威性。

三、任务资料

《写下中国技能勇立世界潮头崭新篇章——热烈祝贺中国代表团再创佳绩》《独具匠心　披荆斩棘　用热爱与坚持顶峰圆梦——记第 47 届世赛精细木工项目金牌获得者黄波林》《世赛“五连冠”照亮披荆斩棘之路——记第 47 届世赛数控铣项目金牌获得者龙伟杰》（见素材库）。

任务目标

1. 能自主搜集关于世界技能大赛的新闻报道，作为撰写新闻播报稿的参考资料。

2. 了解新闻播报的特点、新闻播报稿的结构，以及常用的适用于新闻播报稿撰写的文本类 AIGC 工具。

3. 能使用文本类 AIGC 工具生成符合要求的新闻播报稿，并对生成内容进行优化。

相关知识

一、新闻播报概述

新闻播报通常指的是通过电视、广播等媒体平台，将已经编辑好的新闻内容以口语化的方式传递给受众的过程。它是一种信息的传递方式，侧重于将新闻信息以声音的形式进行传播，旨在使受众能够迅速了解新闻内容。

（一）新闻播报的特点

1. 真实性

新闻播报的内容必须基于真实发生的事件或事实，确保信息的准确性和可信度。播报者需对新闻来源进行核实，避免虚假新闻的传播。

2. 时效性

新闻播报强调时间的紧迫性，要求迅速传递最新信息，确保受众能够及时了解到最新的新闻动态。

3. 客观性

播报者在传递新闻时，应保持客观中立的立场，避免个人情感或主观判断对新闻内容产生影响，从而确保信息的公正性。

4. 规范性

新闻播报应遵循一定的规范和标准，包括语言使用的准确性、播报格式的规范性等，以确保信息的清晰传达和受众的接收效果。

5. 互动性

在现代媒体环境下，新闻播报不再局限于单向的信息传递，还通过与受众的互动、反馈机制等方式，提升了信息的互动性，增强了受众的参与感。

拓展阅读

新闻的常见传播载体

1. 报纸

作为历史悠久的新闻传播载体，报纸以纸质印刷为基础，通过文字、图片等形式传递新闻。其优势在于内容深度较高，便于保存和查阅，是研究历史、追踪事件的重要资料。然而，报纸的出版周期较长，时效性受限，且发行受地域和渠道限制，影响新闻的及时性。

2. 广播

广播以无线电波或导线为传输载体，以声音为传播形式，具有及时性和便捷性。广播电台能迅速报道突发新闻，让听众实时了解事件进展。但广播信息转瞬即逝，无法像报纸那样随时回顾，且无法通过视觉元素展示新闻细节，表现力相对较弱。

3. 电视

电视融合了声音、图像、文字等多种元素，为观众带来直观、生动的新闻体验。电视新闻具有强大的视觉冲击力和丰富的信息呈现方式，能让观众更深刻地理解新闻内容。然而，观看电视需要特定设备，且通常要在固定场所进行，播出时间也相对固定，限制了观众接收新闻的灵活性。

4. 互联网

互联网依托网络技术，以网站、社交媒体、新闻客户端等多种平台为依托，实现新闻的快速传播。互联网新闻时效性极强，传播形式丰富多元，信息海量且个性化。但互联网新闻信息质量参差不齐，虚假新闻、谣言时有出现，且可能导致用户陷入“信息茧房”，限制了其对多元观点和信息的了解。因此，用户在接收互联网新闻时，需要具备较强的信息甄别能力。

（二）新闻播报稿的结构

新闻播报稿是新闻播报的基础，其结构通常遵循一定的规范，一般包括开头、主体内容和结尾三个部分，每个部分都有其特定的内容和作用，旨在确保新闻信息的准确传递和观众的易于理解。

1. 开头部分

新闻播报的开头通常包括打招呼和自我介绍。主播会向观众问好，并简要介绍自己和所在的媒体或播报平台。例如：“各位观众朋友们，大家好！欢迎收看今天的新闻，我是主播 ×××。”这样的开头既建立了与观众的联系，又明确了新闻的来源。

2. 主体内容部分

主体内容是新闻播报稿的核心，包括多个新闻条目的播报。每个新闻条目通常遵循以下结构。

（1）标题。标题是新闻的重要组成部分，用于揭示主题、表明观点、吸引观众。标题应鲜明、准确、简洁。

（2）导语。导语是新闻开头的自然段，用一句话或简单的一个自然段概括地交代新闻的最新鲜、最主要、最重要的内容。导语的形式多样，如叙述式、小结式、描写式、设问式等，旨在反映新闻主题、概括新闻基本事实、吸引受众、表明媒体观点。

（3）主体。主体部分承担进一步具体表现和说明新闻主题的任务。要求紧扣主题，选材具体、充分，层次段落分明，起承转合自然。主体部分一般采用记叙文的层次结构，按照时间先后、空间交换、材料性质等顺序进行排列。

（4）背景。背景部分可选择性地介绍。可以介绍与新闻事件或人物有关的历史条件及与周围事物之间的关系，包括历史条件、社会环境、政治原因、因果联系、地理特征、科学知识等内容。背景的主要作用是交代事件发生、人物成长的过程，扩大新闻信息量，传授更多相关知识，并通过比较、衬托，更鲜明地阐述新闻。

3. 结尾部分

新闻播报的结尾部分用于总结今天播报的新闻内容，并与观众道别。结尾可以简洁明了，也可以采用一些特定的结尾方式，以增强新闻的吸引力和影响力。

（1）首尾呼应式。从导语中寻找灵感，与导语相呼应，形成完整的叙事结构。

（2）高潮式。在较短的新闻故事或采用正金字塔结构写作的新闻中，将最精彩的部分放在最后，以冲击读者。

（3）悬空式。通常用于报道尚未有正式结局的新闻故事，戛然而止，引发观众的思考和期待。

（4）未来行动式。在圆满结束新闻播报后，暗示接下来可能会发生的事或应该采取的行动。

（5）事实式。用一则事实，如一组触目惊心的统计数字、一种无法忽视的现象等来结束报道，给观众留下深刻的印象。

你经常看新闻播报吗？你最关注新闻播报的哪些方面？

二、其他常用文本类 AIGC 工具

任务 1 中介绍的常用文本类 AIGC 工具均可用于生成新闻稿件。以下介绍另外 3 种同样适用于新闻写作的 AIGC 工具，它们的功能针对性更强，能够快速生成新闻稿件，提高工作效率。

（一）讯飞写作

讯飞写作是一款智能写作生成器，覆盖办公写作、新闻写作、营销文案写作、公文写作等多个场景，适用于新闻工作者、自媒体创作者、职场人士等需要快速生成新闻稿件或各种文本内容的用户。该工具支持智能对话写作、改写、扩写、缩写、续写、仿写等多种功能，能够快捷辅助整理会议纪要，生成工作汇报、工作计划、演讲稿等。同时，它还支持上传音频、视频、Word 文档、图片、演示文稿等多种格式的文件，实现一键规整、摘要、总结、生成思维导图。此外，讯飞写作还提供多种文风的专业实用模板，方便用户快速出稿。讯飞写作的应用界面如图 2-2-1 所示。

图 2-2-1　讯飞写作应用界面

（二）聪明灵犀

聪明灵犀是一款集智能聊天和智能写作于一体的实用工具，旨在为文案创作者、文学爱好者、新闻工作者等需要高效进行文本创作的用户提供创造性和便利性的智能体验。它具有快速进行文章、文案、月周日报、视频脚本和小故事等多种类型文稿写作的能力。此外，聪明灵犀还具备智能写诗、将文字转语音、智能人像抠图、修复照片等功能。聪明灵犀的应用界面如图 2–2–2 所示。

图 2-2-2　聪明灵犀应用界面

（三）智媒魔方

智媒魔方是一款综合性的应用工具，适用于新闻制播、媒体报道等需要快速处理大量新闻素材并生成高质量新闻稿件的场景。该工具具备多模态素材识别、横屏竖屏转换、自动生成稿件、全语种智能翻译和视频自动剪辑等功能，能够为报道团队提供现场实况内容整理、新媒体端内容制作播出、新闻稿件生成、现场实况内容翻译、指定视频片段提取、视频字幕生成等一系列新闻制播服务。

任务实施

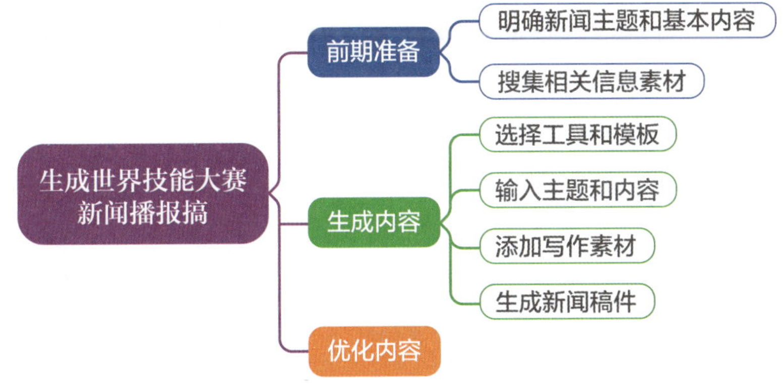

一、前期准备

在开始写作前，需要明确新闻主题和基本内容，以明确要传达的具体信息，并搜集相关信息素材。

（一）明确新闻主题和基本内容

根据本任务要求，新闻主题为“中国代表团在第 47 届世界技能大赛中的辉煌成就和冠军事迹”，基本内容包括“金牌、银牌、铜牌和优胜奖的具体数量，以及我国在金牌榜、奖牌榜和团体总分的排名情况，并选择两个金牌项目详细介绍冠军选手的事迹，适当加入对冠军精神的评述”，其他要求还包括“总字数约 1 000 字；设计一段吸引人的开场白，以吸引听众注意力，并在结尾处设计一段精彩的结束语，增强新闻的整体吸引力；以客观、准确的方式撰写，符合新闻播报稿的格式和风格，确保信息的真实性、时效性和权威性”。

（二）搜集相关信息素材

根据新闻主题，从官方网站、新闻媒体等渠道获取相关的事实、数据、事迹等信息素材，在搜集过程中要注意确保信息来源的真实性和准确性，也可直接使用任务资料中提供的素材。

二、生成内容

（一）选择工具和模板

本任务我们使用讯飞写作完成。打开讯飞写作网页版，根据本次任务需求，在网页右侧“行业模板工具”中选择“新闻媒体”，再选择其中的“头条新闻”或类似的模板，如图 2–2–3 所示。

图 2-2-3 选择模板

（二）输入主题和内容

选择好模板后，即可输入与新闻主题和内容相关的关键词和要点。这些关键词和要点将作为新闻播报稿的核心内容，指导讯飞写作执行生成任务。

将前面步骤中明确的“新闻主题和基本内容”分别填入模板的“主题”和“内容”栏，如图 2–2–4 所示。

（三）添加写作素材

在“主题”和“内容”输入框下方，单击“选择文件”按钮，可以导入文档、音频、视频等多种格式的写作素材，如图 2–2–5 所示。这些素材能够帮助讯飞写作快速生成与素材内容相关的文本。添加的素材被保存在素材库中，可随时调用。

（四）生成新闻稿件

单击“立即生成”按钮，讯飞写作即根据输入的“主题”和“内容”，以及上传的写作素材，自动生成一篇新闻稿件。

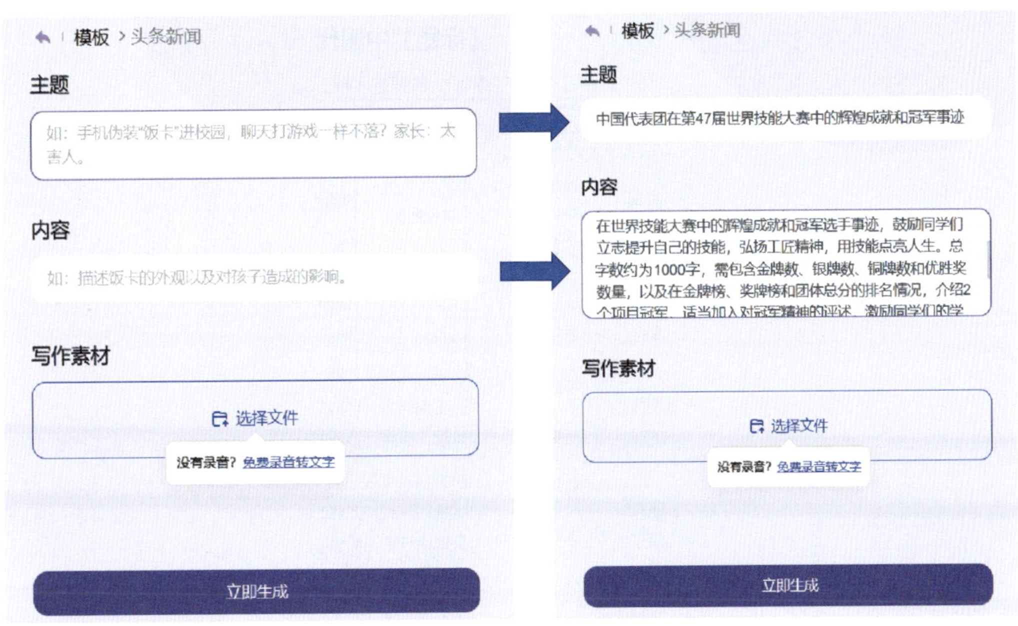

图 2-2-4　输入主题和内容

图 2-2-5　添加写作素材

三、优化内容

接下来，对生成的新闻稿件进行适当的编辑和调整，以确保其符合新闻写作的规范和要求。具体来说，标题应简洁明了，导语应简短有力，正文应有逻辑和条理，结尾应与主题呼应。必要时，可选中对应文字段落，在弹出的菜单栏“AI 工具”选项下选择“改写”功能，并选择一种改写方式，对选中段落进行改写，以进一步提升稿件质量，如图 2-2-6 所示。

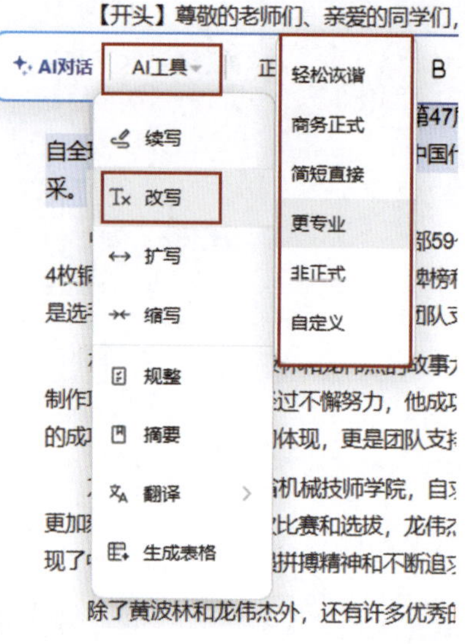

图 2-2-6　优化内容

你还可以组合使用其他文本类 AIGC 工具对新闻稿进行润色，请分享你设计的提示词。

任务 3　生成公众号文章

任务描述

一、任务情境

距离学院“智启未来 · 技融梦想”科技节开幕式还有 2 天。本次科技节紧跟时代发展步伐，鼓励参赛者在创新创业比赛中充分利用 AIGC 工具进行辅助，以激发学生对前沿科技的兴趣和探索热情。你作为学院宣传部的一员，需要在开幕式前撰写一篇微信公众号文章，宣传即将到来的科技节，以吸引学生、家长、企业代表及社会各界的广泛关注，提升学校的社会影响力。

二、任务要求

1. 使用文本类 AIGC 工具，生成一篇宣传学院科技节的公众号文章，字数约 1 000 字。

2. 公众号文章的主要内容应包括科技节的举办时间、地点，各主要活动和竞赛项目的介绍，以及报名方式等信息。应使用生动的语言，以提高推文的吸引力和可读性。

3. 适当设计互动环节，如在线投票、留言互动、有奖问答等，增强读者的参与感，提高文章的传播力和影响力。

4. 避免发布不准确或误导性的信息，确保所有内容合法合规。

三、任务资料

2025 年校园科技节方案（节选）（见素材库）。

任务目标

1. 了解微信公众号文章的基本构成和写作技巧，以及常用的适用于微信公众号文章撰写的文本类 AIGC 工具。

2. 能使用文本类 AIGC 工具生成符合要求的公众号文章，并对其进行智能样式编辑。

相关知识

一、微信公众号文章概述

微信公众号是为企业和个人提供的一项服务，其允许用户注册并运营自己的公众账号，并通过这一平台发布图文消息、与关注者进行互动、提供服务等。

微信公众号文章是发布在微信公众号平台上的内容形式，通常具有特定的主题和内容，涵盖新闻资讯、行业分析、教程指南、故事分享、产品推广等多种类型，旨在向关注该公众号的用户传递信息、分享知识、推广品牌或促进交流，并且可以通过微信的社交属性被用户分享、转发，从而扩大其传播范围和影响力。

（一）公众号文章的基本构成

公众号文章一般包括标题、封面、摘要和正文几个部分。

1. 标题

标题是吸引用户点击阅读的关键因素，应具备创意性、简洁性，并准确反映文章主题。好的标题能迅速捕获用户注意力，提升文章点击率。

2. 封面

封面图片是公众号文章给用户的第一印象，应选择清晰度高、尺寸适宜的图片，以吸引用户的眼球，激发阅读兴趣。

3. 摘要

摘要是简要概括文章的中心论点或主要内容，能够帮助用户快速了解文章大意。在编辑推文时，应认真撰写摘要，避免系统自动截取正文前段文字，导致内容表述不清。

4. 正文

正文是推文的核心部分，内容应有独特性、有深度、有实用性，能够吸引读者的注意力，并提供有价值的信息。同时，注意段落分布和排版整洁清晰，字号建议控制在 11~19，行距以 1.5~2.5 倍为宜。

你关注的微信公众号有哪些？主要集中在哪些领域？

（二）公众号文章的写作技巧

1. 明确目标，确定主题

在写作微信公众号文章之前，首先要明确文章的目的，是为了分享某个知识点、推广一款产品，还是表达个人的观点和看法。明确目标后，内容才能紧扣主题，不偏离方向。同时，选择自己熟悉且能够持续输出的主题也非常重要，这样不仅能保证文章的质量，还能在垂直领域进行深耕，吸引更多对该领域感兴趣的读者。

2. 吸引读者，打造标题

标题是文章的第一印象，也是吸引读者点击阅读的关键因素。因此，标题要简洁有力，直接突出文章的核心内容，避免冗长模糊。同时，可以通过使用提问、设置悬念等方式，引发读者的好奇心，激发他们点击阅读的欲望。此外，适当在标题中加入关键词，还能提升文章的搜索排名和推荐概率，让更多潜在读者看到文章。

3. 结构清晰，逻辑顺畅

一篇好的微信公众号文章不仅内容要精彩，结构也要清晰。开头部分可以用故事、数据或问题引入，快速抓住读者的注意力，让他们愿意继续阅读下去。文章主体部分要使用小标题、段落分隔等方式，使结构层次分明，易于阅读。同时，要注意段落之间的衔接，避免思维跳跃，确保内容流畅连贯，让读者能够顺畅地理解文章的主旨。

4. 内容第一，注重价值

微信公众号文章的内容质量非常重要。同时，文章要提供实用的信息或解决方案，帮助读者解决实际问题，让他们在阅读过程中获得收获。此外，语言要生动活泼，适当加入幽默元素或案例分析，提升阅读的趣味性，让读者在轻松愉快的氛围中享受阅读的乐趣，还要注意坚持原创，避免抄袭。

5. 图文并茂，提升体验

在微信公众号文章中，图文并茂是非常重要的。要使用与内容相关的高质量图片，增强文章的视觉吸引力，让读者在阅读过程中更加愉悦。同时，要注意字体、字号、行距等排版细节，提升阅读的舒适度。此外，还可以适当加入视频、音频等多媒体元素，丰富内容的表现形式，让读者在阅读过程中获得更加全面的体验。

6. 引导互动，增加黏性

在微信公众号文章的结尾部分，可以设置话题引导读者留言讨论，增加文章的互动性。同时，也可以发起投票活动，了解读者的喜好和需求，增强粉丝的参与感。此外，还可以定期举办抽奖、优惠等福利活动，提升粉丝的黏性和活跃度，让他们更加愿意关注和支持公众号的发展。

当你浏览微信公众号文章时，哪些内容特点与要素最能吸引你？

二、更多文本类 AIGC 工具

常用的文本类 AIGC 工具均可以用于生成公众号文章。以下介绍 3 种更适用于微信公众号文章写作的 AIGC 工具，它们的功能针对性更强，能够快速生成公众号文章，提高工作效率。

（一）有一云 AI

有一云 AI 是一款专为公众号运营者设计的人工智能助手平台，旨在提高内容创作、排版编辑、粉丝管理及数据分析等方面的效率和质量。具体功能包括智能写作、一键排版、一键选题与配图、段落扩写与内容润色、粉丝管理与数据分析，以及一键发布至公众号等。有一云 AI 应用界面如图 2-3-1 所示。

（二）七燕写作

七燕写作是一款支持一键智能快速写作的软件，适用于需要快速撰写和发布文章的公众号运营者，撰写营销文案和广告词的营销人员，撰写论文、作业或报告的学生，以及撰写工作总结、计划书或报告的职场人士。其主要功能包括一键智能快速写作、图片设计，并内置智能对话机器人，可为用户提供写作灵感，解决写作过程中的难题，提供个性化的写作建议和指导。七燕写作应用界面如图 2-3-2 所示。

图 2-3-1　有一云 AI 应用界面

图 2-3-2　七燕写作应用界面

（三）AI 新媒体文章

AI 新媒体文章是专为新媒体创作者打造的写作工具。它能基于实时资讯和热点趋势，一键生成高质量的原创性文章。此工具特别适用于需要快速产出高质量、原创性内容的自媒体运营者，需要撰写创意营销文案以吸引潜在客户的市场营销人员，以及需要制作宣传材料以维护企业形象和传播品牌的品牌传播人员。其主要功能包括选题创作、文章重写、爆款标题生成、实时资讯与热榜集成，以及一键生成高质量原创文章等。AI 新媒体文章应用界面如图 2-3-3 所示。

图 2-3-3　AI 新媒体文章应用界面

任务实施

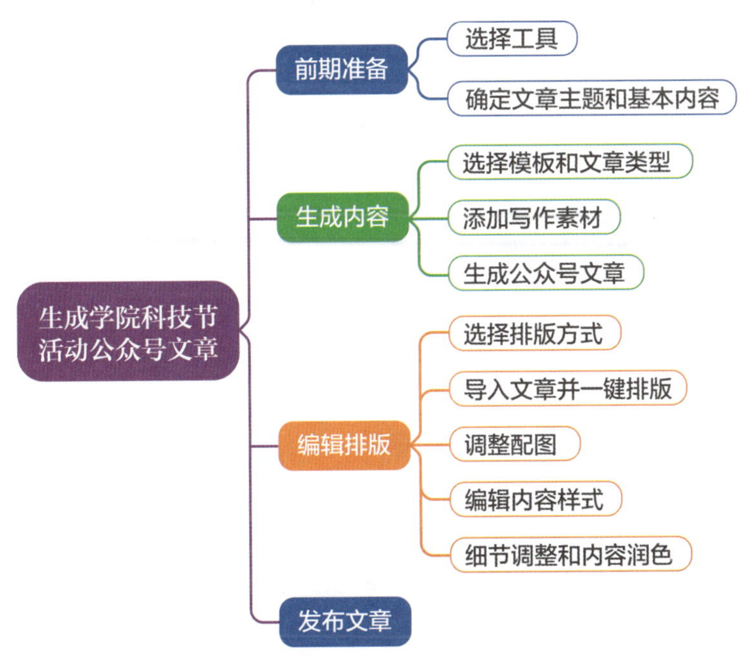

一、前期准备

在开始写作前，需先选择合适的工具，同时明确公众号文章的类型、主题和基本内容，以准确传达具体信息。

（一）选择工具

本任务选择讯飞写作和有一云 AI 两种工具联合完成。其中，讯飞写作用于生成公众号文章，有一云 AI 用于对文章进行排版。

（二）确定文章主题和基本内容

根据本任务要求，公众号文章的主题为"'智启未来·技融梦想'科技节宣传"，基本内容包括"科技节的举办时间、地点，各主要活动和竞赛项目的介绍，以及报名方式等信息；使用生动的语言，提高推文的吸引力和可读性；适当设计互动环节，如在线投票、留言互动、有奖问答等，增强读者的参与感，提高文章的传播力和影响力；避免发布不准确或误导性的信息，确保所有内容合法合规；面向学生、家长、企业代表等社会公众，总字数约 1 000 字"。

二、生成内容

（一）选择模板和文章类型

打开讯飞写作网页版，在右侧"行业模板工具"中选择"新闻媒体"，再选择其中的"公众号文章"模板。在弹出的界面中选择文章类型，本任务选择"干货"类型，如图 2-3-4 所示。

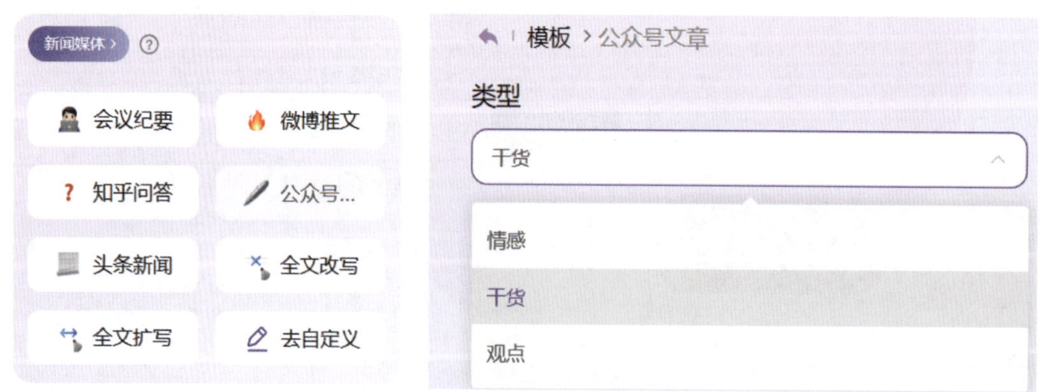

图 2-3-4　选择模板和文章类型

选择好模板后，即可输入与文章主题和内容相关的关键词和要点，这些将作为公众号文章的核心内容，指导讯飞写作执行生成任务。

将前面步骤中明确的“文章主题和基本内容”分别填入模板的“主题”和“内容”栏。

（二）添加写作素材

添加本任务的任务资料作为写作素材，将其添加至素材库。

（三）生成公众号文章

单击“立即生成”按钮，讯飞写作将根据输入的“主题”和“内容”，以及上传的写作素材，自动生成一篇公众号文章。

三、编辑排版

接下来，我们使用有一云 AI 对生成的公众号文章进行编辑排版。

（一）选择排版方式

打开有一云 AI 网页版首页，其“公众号排版”功能提供了“无文案，AI 生成”和“有文案，去排版”两种方式。本任务选择“有文案，去排版”，如图 2-3-5 所示。

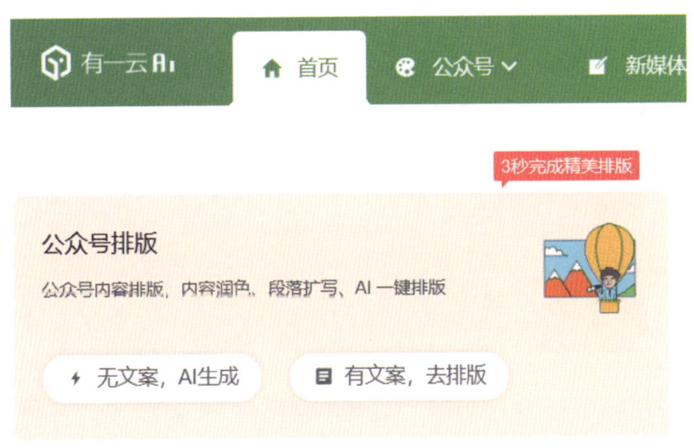

图 2-3-5　有一云 AI 公众号排版应用界面

（二）导入文章并一键排版

接下来单击“导入文章一键排版”按钮，如图 2-3-6 所示。在弹出的窗口中选择“AI 排版”（此功能最多支持 1 500 字，本任务文章限定字数在 1 000 字左右，满足要求），单击“开始排版”按钮，如图 2-3-7 所示。然后复制讯飞写作生成的文案，粘贴到对话框内，单击“确定”按钮，如图 2-3-8 所示。自动排版效果如图 2-3-9 所示。

（三）调整配图

更换图片前需先上传图片，如图 2-3-10 所示。选中配图，单击“更换图片”按钮，更换配图，并调整至适当大小，如图 2-3-11 所示。更换图片后的效果如图 2-3-12 所示。

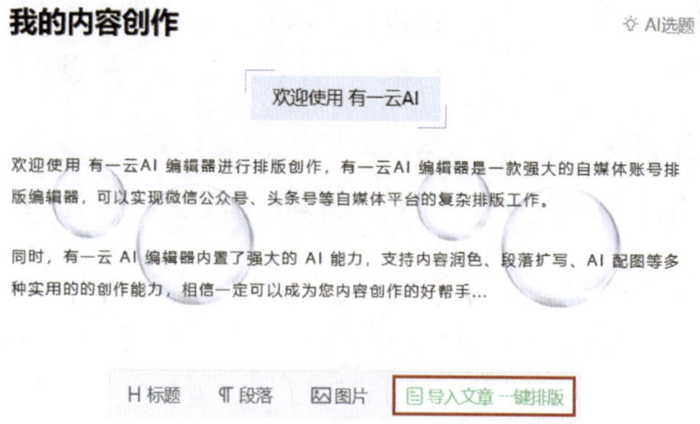

我的内容创作　　AI选题

欢迎使用 有一云AI

欢迎使用 有一云AI 编辑器进行排版创作，有一云AI 编辑器是一款强大的自媒体账号排版编辑器，可以实现微信公众号、头条号等自媒体平台的复杂排版工作。

同时，有一云 AI 编辑器内置了强大的 AI 能力，支持内容润色、段落扩写、AI 配图等多种实用的的创作能力，相信一定可以成为您内容创作的好帮手...

H 标题　¶ 段落　图片　导入文章 一键排版

图 2-3-6　导入文章一键排版

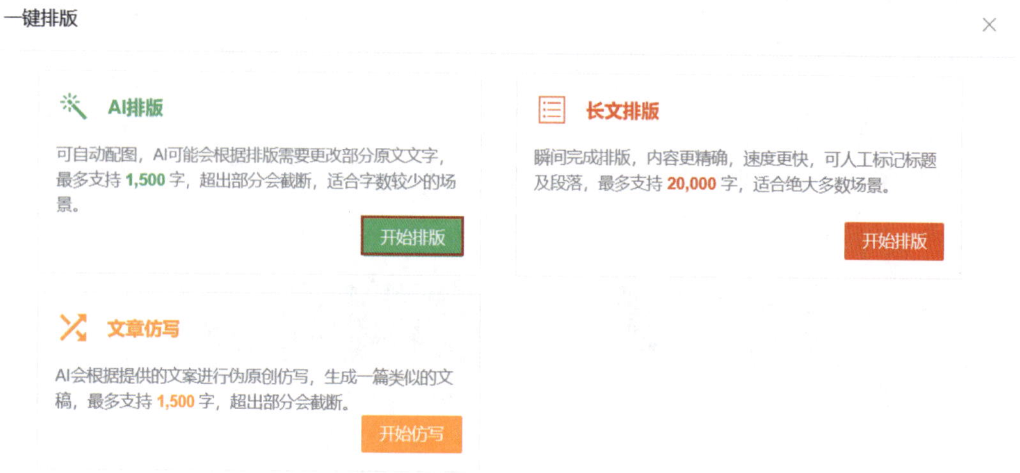

一键排版

AI排版

可自动配图，AI可能会根据排版需要更改部分原文文字，最多支持 1,500 字，超出部分会截断，适合字数较少的场景。

开始排版

长文排版

瞬间完成排版，内容更精确，速度更快，可人工标记标题及段落，最多支持 20,000 字，适合绝大多数场景。

开始排版

文章仿写

AI会根据提供的文案进行伪原创仿写，生成一篇类似的文稿，最多支持 1,500 字，超出部分会截断。

开始仿写

图 2-3-7　选择 AI 排版

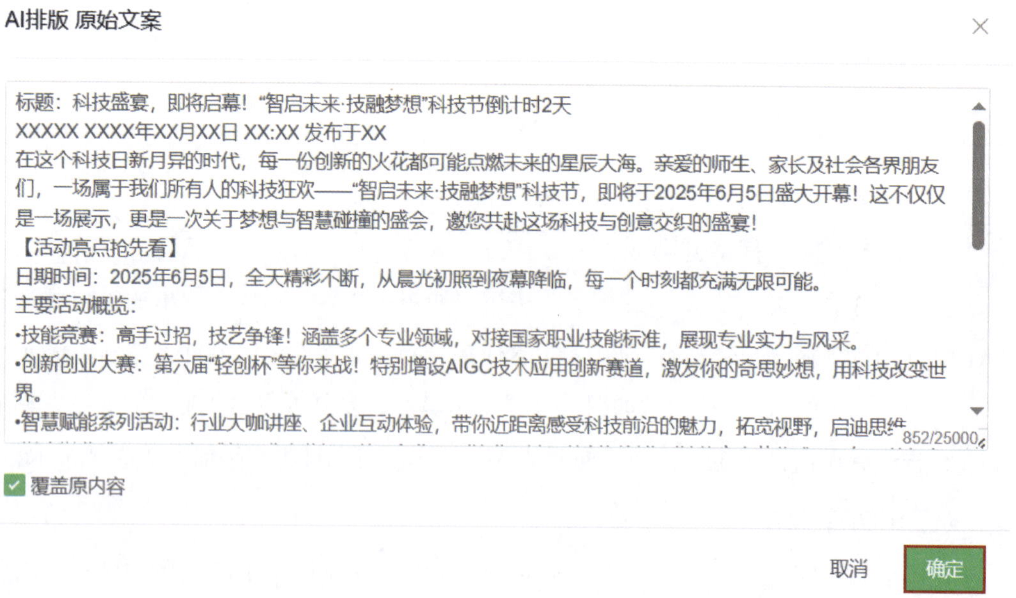

AI排版 原始文案

标题：科技盛宴，即将启幕！"智启未来·技融梦想"科技节倒计时2天
XXXXX XXXX年XX月XX日 XX:XX 发布于XX
在这个科技日新月异的时代，每一份创新的火花都可能点燃未来的星辰大海。亲爱的师生、家长及社会各界朋友们，一场属于我们所有人的科技狂欢——"智启未来·技融梦想"科技节，即将于2025年6月5日盛大开幕！这不仅仅是一场展示，更是一次关于梦想与智慧碰撞的盛会，邀您共赴这场科技与创意交织的盛宴！
【活动亮点抢先看】
日期时间：2025年6月5日，全天精彩不断，从晨光初照到夜幕降临，每一个时刻都充满无限可能。
主要活动概览：
•技能竞赛：高手过招，技艺争锋！涵盖多个专业领域，对接国家职业技能标准，展现专业实力与风采。
•创新创业大赛：第六届"轻创杯"等你来战！特别增设AIGC技术应用创新赛道，激发你的奇思妙想，用科技改变世界。
•智慧赋能系列活动：行业大咖讲座、企业互动体验，带你近距离感受科技前沿的魅力，拓宽视野，启迪思维
852/25000

覆盖原内容

取消　确定

图 2-3-8　输入原始文案

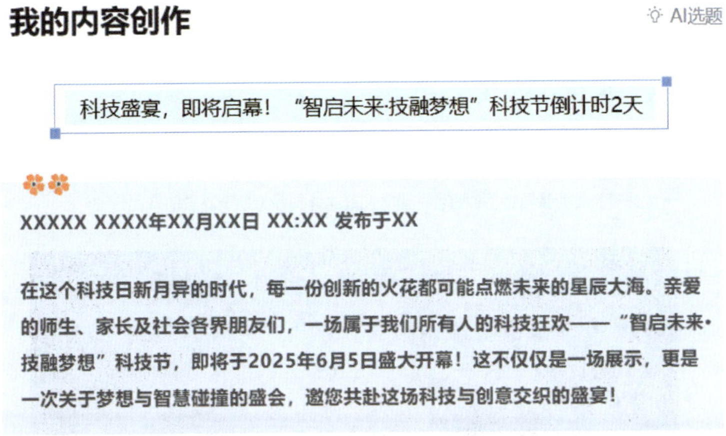

我的内容创作
AI选题
科技盛宴，即将启幕！“智启未来·技融梦想”科技节倒计时2天
XXXXX XXXX年XX月XX日 XX:XX 发布于XX
在这个科技日新月异的时代，每一份创新的火花都可能点燃未来的星辰大海。亲爱的师生、家长及社会各界朋友们，一场属于我们所有人的科技狂欢——“智启未来·技融梦想”科技节，即将于2025年6月5日盛大开幕！这不仅仅是一场展示，更是一次关于梦想与智慧碰撞的盛会，邀您共赴这场科技与创意交织的盛宴！

图 2-3-9　自动排版效果

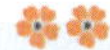

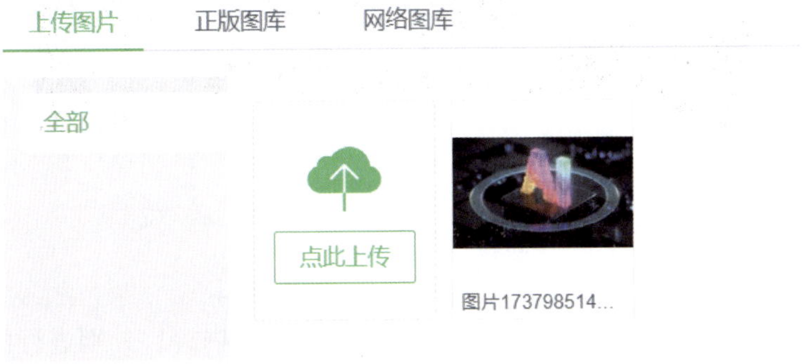

上传图片
正版图库
网络图库
全部
点此上传
图片173798514...

图 2-3-10　上传图片

别犹豫，现在就行动起来！请各班班主任组织学生扫描下方企业微信报名收集表二维码，填写个人信息即可轻松参与。具体日程安排及详细规则，请查阅附件1的技能竞赛项目汇总表，一切信息尽在掌握之中。
图片大小
100%
95%
90%
80%
50%
更换图片
AI配图
调整大小
圆角
模糊
黑白
变色
倾斜
H 标题
段落
图片
导入文章
一键排版

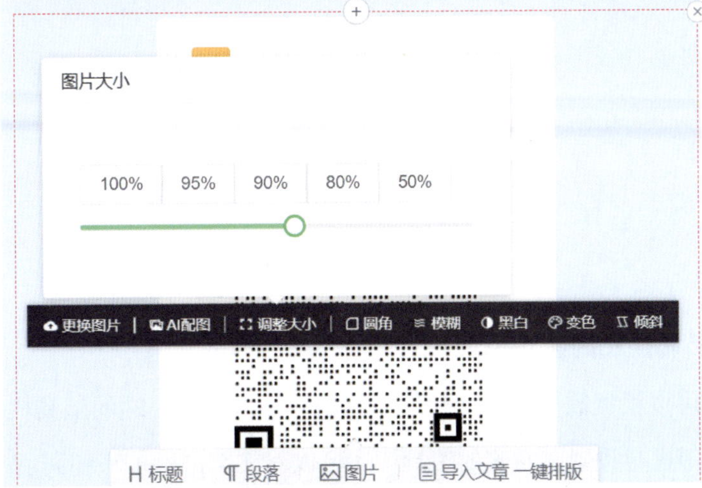

图 2-3-11　更换图片并调整至合适大小

图 2-3-12　更换图片后效果

（四）编辑内容样式

根据需要，选中文章的标题、正文、分隔、数字等内容，分别进行样式编辑。可以选择替换当前选中内容的样式，也可以全文替换，如图 2-3-13 所示。

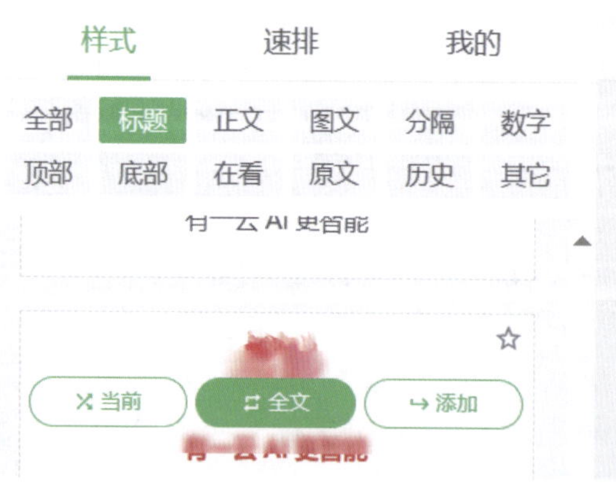

图 2-3-13　编辑内容样式

（五）细节调整和内容润色

接下来还可以根据需要，在“我的内容创作”对话框上端的工具栏内对字体、字号、对齐方式等进行设置，左侧的工具栏还可以对文案进行扩写和润色，如图 2-3-14 所示。

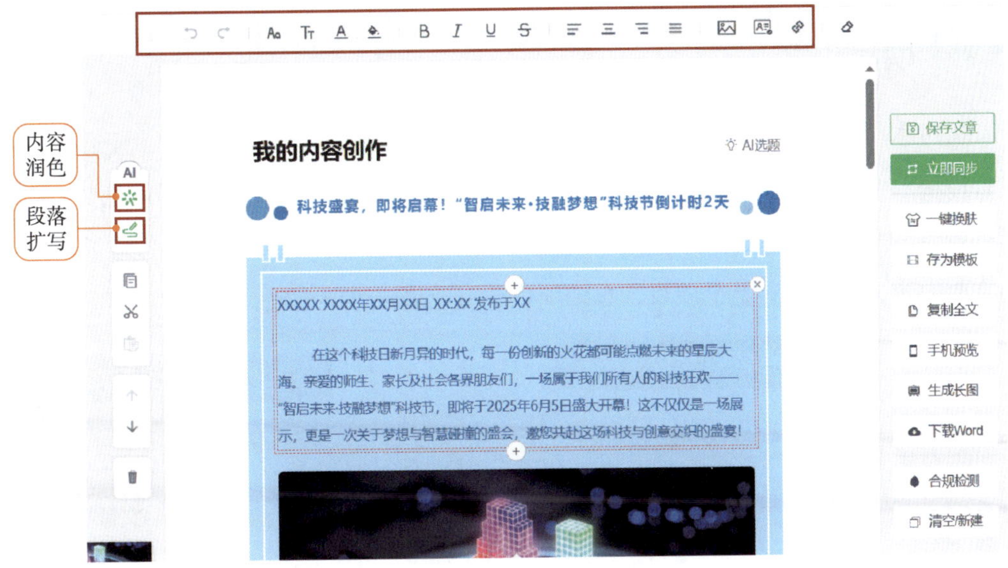

图 2-3-14　“我的内容创作”对话框

四、发布文章

编辑排版完成后，可以在“我的内容创作”对话框右侧的工具栏内保存文章，并用手机预览效果。

单击手机端的“发布 & 同步”按钮，即可将文章在线同步至微信公众号，如图2–3–15所示。

图 2-3-15　在线同步至微信公众号

项目小结

通过本项目的学习，你不仅掌握了文本类 AIGC 工具的具体使用方法，还通过“生成宣传稿”“生成新闻播报稿”“生成公众号文章”3 个具体任务，提升了应用 AIGC 工具进行结构化写作、非结构化写作的能力，拓展了应用场景。下图为你总结了本项目的主要内容，供你回顾整个项目，总结项目学习成果。

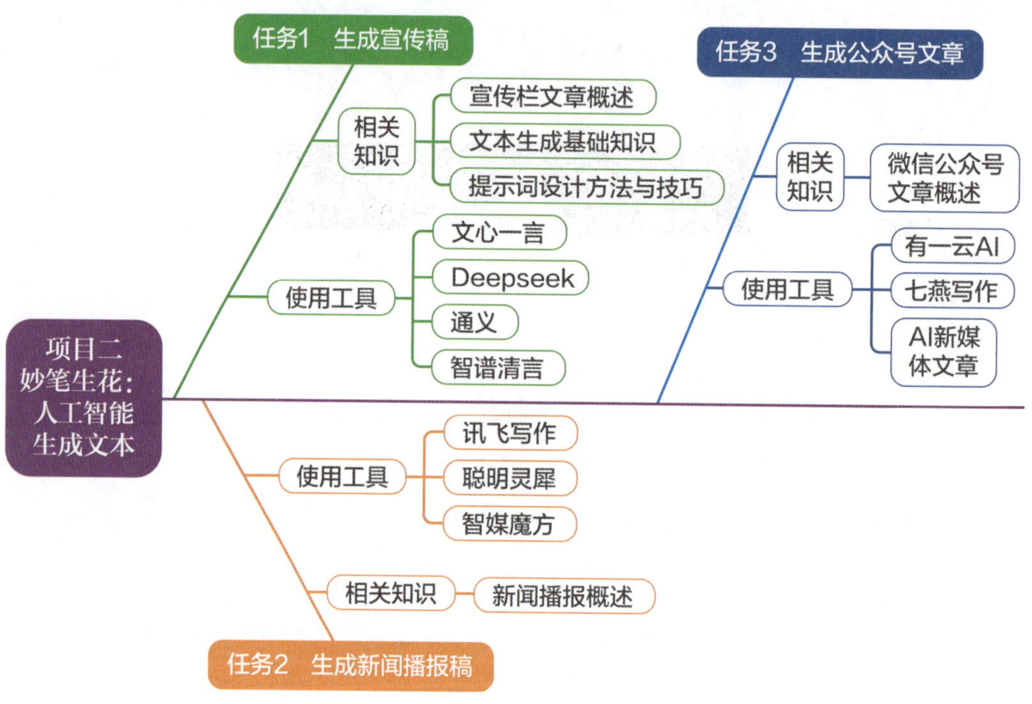

拓展探究

大语言模型输出多样性的原因解析

一、随机性因素

一些大模型在生成答案时可能会引入随机性，以增加答案的多样性和避免过度重复。这种随机性体现在答案生成的不同阶段，模型可能会选择不同的策略、词汇或句子结构，从而增加答案的多样性，并有效避免答案的过度重复。

二、上下文依赖

尽管提示词相同，但模型可能会根据之前的对话或上下文信息来生成答案。如果之前的对话或上下文信息每次都不同，那么即使提示词相同，答案也可能不同。

三、模型处理的不确定性

自然语言本身具有模糊性和多义性，这使得大语言模型在处理自然语言时可能面临不确定性。这种不确定性导致模型在生成答案时，可能会选择不同的解释路径或语义理解，进而产生多样化的答案。

四、训练数据的多样性

大模型通常基于大量训练数据进行学习，这些数据可能包含各种风格和观点的答案。在生成答案时，它可能会从训练数据中抽取不同的样本来形成答案，从而导致每次的答案都不同。

五、模型更新的影响

如果模型在生成答案之间进行了更新或重新训练，那么它可能会以不同的方式处理相同的提示词。这种更新可能涉及算法的改进、训练数据的增加或模型参数的调整等，进而影响答案的生成。

六、计算资源的限制

在某些情况下，由于计算资源的限制（如内存、处理器速度等），模型可能无法每次都以相同的方式处理输入的问题。在这种资源受限的情况下，可能导致模型生成不同的答案。

七、人类判断的主观性

如果答案涉及人类判断的主观性（如情感分析、审美评价等），那么即使提示词相同，每次生成的答案也可能因为人类判断的主观性而不同。

需要注意的是，尽管每次的答案可能不同，但这并不意味着模型是不准确或不可靠的。相反，这种多样性可能是模型在处理自然语言时的一种自然表现，体现了其灵活性和适应性。

课后练习

1. 请用思维导图的形式总结梳理提示词设计的方法与技巧。
2. 请用列表形式呈现人工智能生成文本的类型及其主要应用方向和场景。
3. 请使用本任务介绍的提示词设计方法与技巧，为生成一篇有关未来产业发展的新闻报道设计提示词。
4. 假设第 3 题生成的新闻报道的受众是小学高年级阶段的学生，请使用任意一款文本类 AIGC 工具，对报道文本进行润色。
5. 请尝试用文本类 AIGC 工具，生成小红书或抖音直播的营销类文本，主题为你所在的地区特色美食的宣传推广。

项目三
音韵生辉：人工智能生成音频

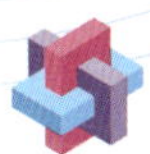

项目导读

音频类 AIGC 工具为音频创作领域带来了一场革命性的变革。这些工具以其强大的自主生成能力，极大地丰富了音频创作的手段和形式，让曾经烦琐复杂的音频制作过程变得简洁高效。无论是语音合成、音乐创作，还是音效设计，生成式人工智能技术都能以惊人的速度和精准度完成创作任务，同时赋予作品丰富的情感和表现力。

本项目将引领你踏入人工智能生成音频的奇妙世界，通过“制作有声读物”“制作视频配音”“创作主题班歌”3个实践任务，你将学会运用这些工具，将特定的文字、情感或创意转化为生动逼真、富有感染力的声音作品，体验一段充满创意与可能的音频生成之旅！

学习目标

1. 了解常用的音频类 AIGC 工具及其特点，掌握其使用要点，能根据实际需求选择使用。

2. 理解常用音频类 AIGC 工具的参数含义，能通过灵活调整参数，生成符合预期的音频文件。

3. 提升音频生成的实际应用能力，培养探索精神、创新精神，以及负责任的技术使用意识。

任务 1　制作有声读物

任务描述

一、任务情境

为鼓励同学们立志技能成才、坚定技能报国，班级将举办以“弘扬工匠精神　坚定技能报国”为主题的班会。请你制作一份介绍大国工匠事迹的有声读物，在班会上播放。在项目二任务 1 中，你已经生成了一份大国工匠事迹的宣传稿，你可以直接使用该宣传稿的内容，作为有声读物的文本。当然，你也可以制作一份全新的有声读物。

二、任务要求

1. 使用音频生成工具，将项目二任务 1 中生成的宣传稿转化为有声读物。

2. 保证有声读物作品的质量，确保声音清晰、发音准确、音量适中、感情充沛。

3. 应将有声读物作品处理成兼容性强的音频文件格式，确保绝大多数音频播放软件都能正常播放。

三、任务资料

项目二任务 1 制作的大国工匠宣传稿全文。

任务目标

1. 能自主搜集关于大国工匠事迹的各类资料，并对资料进行整合，形成一份适合制作有声读物的文本。

2. 了解有声读物的相关标准，熟悉标准内容，理解有声读物的概念，掌握制作的基本要求。

3. 能搜集并使用各种音频生成工具，生成符合要求的有声读物作品。

相关知识

一、有声读物概述

根据《有声读物》标准（GB/T 44144—2024），有声读物是指以朗读、讲述或演播等为主要表现形式，以声音为主要呈现方式，具有知识性、思想性的文化产品。通俗地讲，有声读物就是以声音为载体，将文字内容转化为可听形式的“有声书籍”。

不同于传统的纸质图书或电子出版物，有声读物更侧重于声音的表达。它通过朗读者的声音、语调、节奏等元素，生动地传递文字中的情感、意义和内涵，为听众提供一种沉浸式的阅读体验。

《有声读物》标准对有声读物的内容展现、声音呈现都提出了明确要求，旨在规范有声读物的制作与传播。

（一）内容展现要求

1. 遵守公序良俗，无不当言论，符合正确政治方向、价值取向和舆论导向

有声读物作为社会文化传播的重要载体，必须严格遵循公序良俗，杜绝宣扬暴力、恐怖、歧视、低俗等不良内容。同时，应体现中国精神，弘扬社会主义核心价值观，引导听众形成正确的世界观与价值观。

2. 内容完整，语义清晰明确

有声读物的本质是对文字作品的有声化呈现，因此必须准确无误地传达文字作品的全部内容，不得遗漏重要信息。无论是情节复杂的长篇小说，还是逻辑严谨的学术著作，在制作过程中都要进行精心细致的编辑和处理。

3. 具有合法版权

有声读物的制作与传播必须依法取得原始作品的版权授权。制作者需与作者、出版单位或其他版权所有者协商合作，确保合法取得版权授权。只有在合法取得版权授权的前提下，有声读物才能在市场上制作、发行和传播。

（二）声音呈现要求

1. 吐字清楚，发音表意准确、语速合理

吐字清楚是有声读物对朗读者的基本要求。朗读者需要精确地发出每个音节，确保听众能够清晰地分辨出每个字。同时，发音需表意准确，特别是对多音字、生僻字等特殊情况，需正确传达文字背后的意义。

合理的语速也是影响有声读物质量的关键因素之一。不同类型的内容往往适合

不同的语速。例如，对于儿童读物或学术内容，语速相对较慢为宜，以便听众更好地理解和消化；而对于情节紧凑的小说故事则可适当加快语速，但仍要确保听众能够跟上内容的节奏。在实际制作过程中，应根据作品类型、受众特点等因素灵活调整语速。

2. 声音定位明确，空间感真实

声音定位明确能够为听众营造身临其境的感觉。例如，在角色对话场景中，通过声音定位技术，听众可清晰分辨每个角色的声音来源方向，增强代入感。

空间感则要求声音的环境效果符合故事场景的设定。例如，在描述空旷大厅时，需通过回声效果模拟真实的空间声学特性。制作人员需运用音频特效等技术手段，营造逼真的空间感，提升听众的听觉体验。

3. 无杂音、无噪声等

有声读物的声音质量需保持纯净，避免杂音或噪声干扰。在录制阶段，应选用专业录音设备，并选择安静的录制环境，减少背景噪声。在后期制作中，需通过音频编辑技术去除电流声、呼吸声等不必要的杂音，确保听众能够专注于内容收听，获得良好的收听体验。

你是否有收听有声读物的习惯？你最近收听的有声读物是关于什么内容的？

二、常用音频生成工具

音频类 AIGC 工具近年来发展迅速，许多优秀的工具已广泛在市场中应用。下文介绍 3 种常见的可用于音频生成的 AIGC 工具。

（一）腾讯智影

腾讯智影是一个集素材搜集、视频剪辑、后期包装、渲染导出和发布于一体的在线剪辑平台，为用户提供一站式音视频剪辑及制作服务。

如图 3-1-1 所示为腾讯智影主页的功能介绍区，其具有“数字人播报”“动态漫画”“AI 绘画”三大主要功能，还配备“视频剪辑”“文本配音”“智能抹除”等多种智能小工具。此处重点介绍“文本配音”工具。

单击“文本配音”按钮，进入其工作区，如图 3-1-2 所示。可以看到，腾讯智影提供了多种音色选择，覆盖了多种创作场景。用户不仅可以自行上传文本，还可以利用人工智能生成文案，并支持添加背景音乐，满足多样化的音频制作需求。

图 3-1-1　腾讯智影主页的功能介绍区

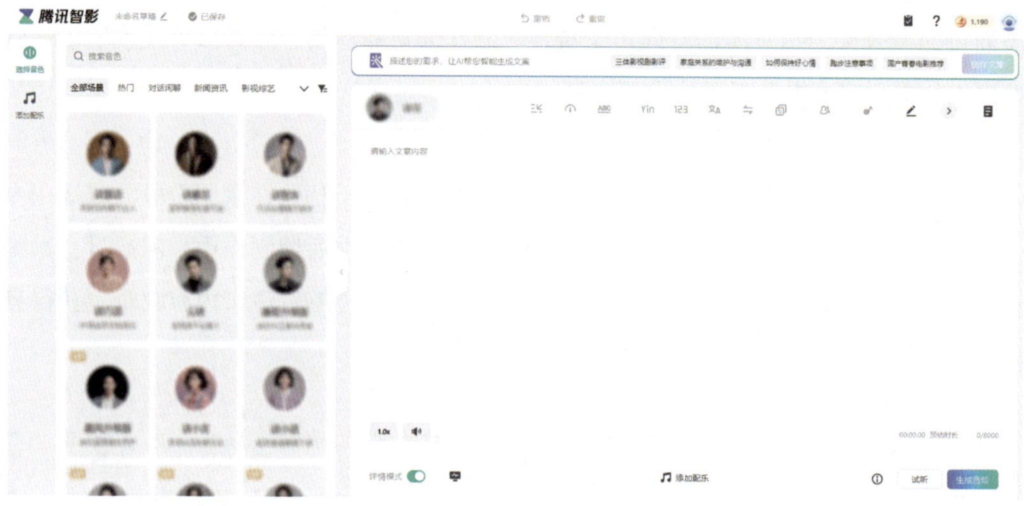

图 3-1-2　腾讯智影文本配音工作区

（二）讯飞智作

讯飞智作是一个支持人工智能音频、视频等多种模态内容创作的平台，其功能介绍页面如图 3-1-3 所示。

选择“AI+ 音频”功能，单击“立即体验”按钮，即可进入配音工作区。

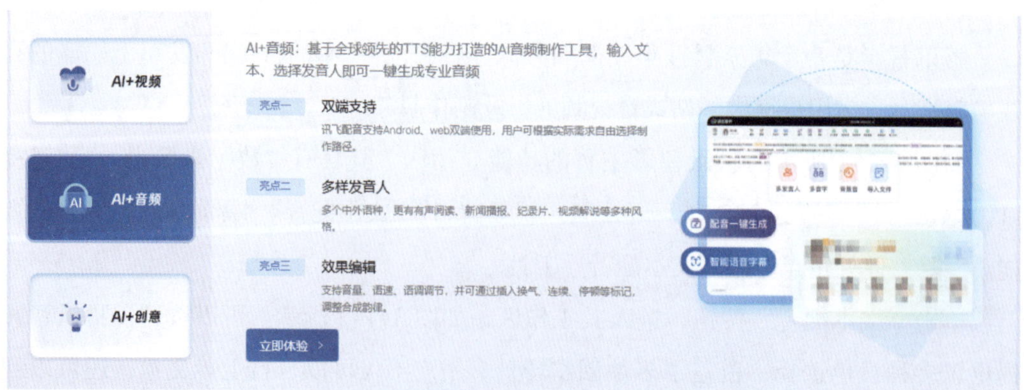

图 3-1-3　讯飞智作功能介绍页面

如图 3-1-4 所示，讯飞智作配音工作区分为三大部分。顶部为功能区，支持“试听”“多语种”“局部变速”“纠错”“翻译”“背景音乐”等多种功能；左侧的空白区域为内容输入区，用户可在此处粘贴需要配音的文字内容，最多支持 10 000 字；右侧为音色选择区，此处预设了非常丰富的主播音色，用户可根据需要自行选择，还可对主播语速、语调、音量等参数进行细致调节。

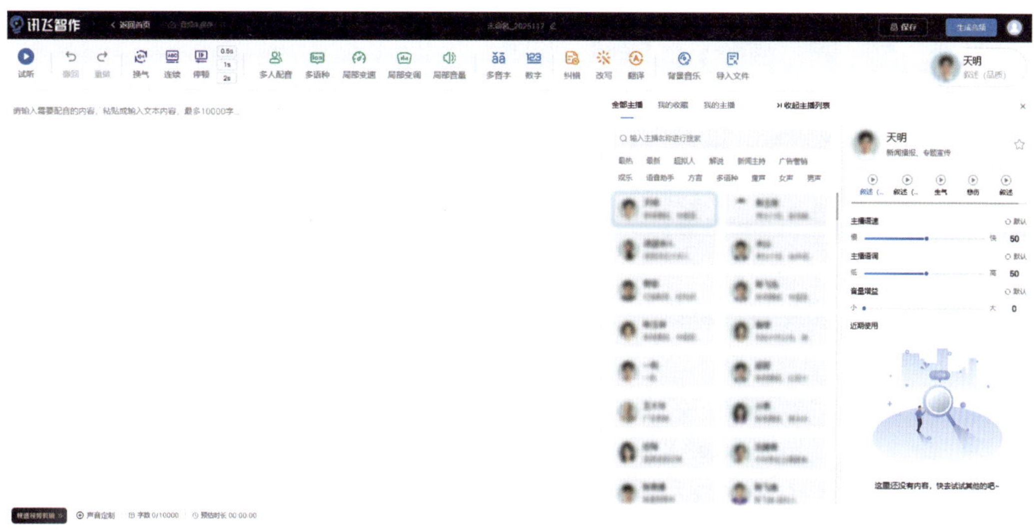

图 3-1-4　讯飞智作配音工作区

（三）蓝藻 AI

蓝藻 AI 功能介绍页面如图 3-1-5 所示，可以为用户提供 AI 配音、AI 文案、AI 专属声音等服务。

图 3-1-5　蓝藻 AI 功能介绍页面

单击“AI 配音”功能区的“立即创作”按钮，即可进入配音工作区，如图 3-1-6 所示。其支持用户手动上传需要转为语音的文本，也支持人工智能辅助创作文本。同时，还支持“词句连读”“多人配音”“发音替换”等多种特色功能。

单击工作区右上角的蓝色矩形框按钮（“知程程”为默认发音人），可进入个性化定制界面，如图 3-1-7 所示。在此页面，用户可根据需求选择不同性别、年龄、领域和语言的发音人，并对发音人的情绪、音量、语速、语调等详细参数进行调节，以满足在不同场景下的实际应用需求。

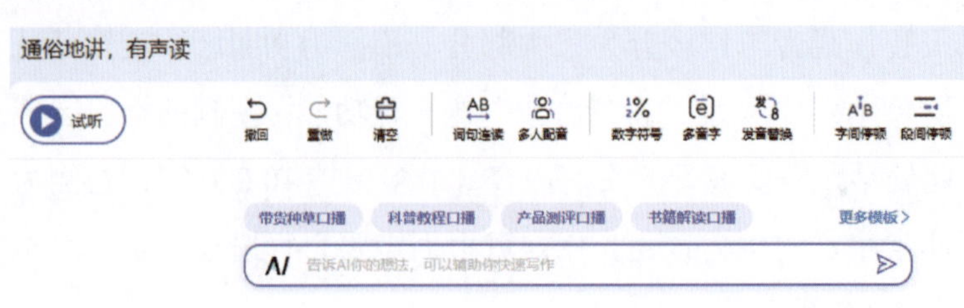

图 3-1-6 蓝藻 AI 配音工作区

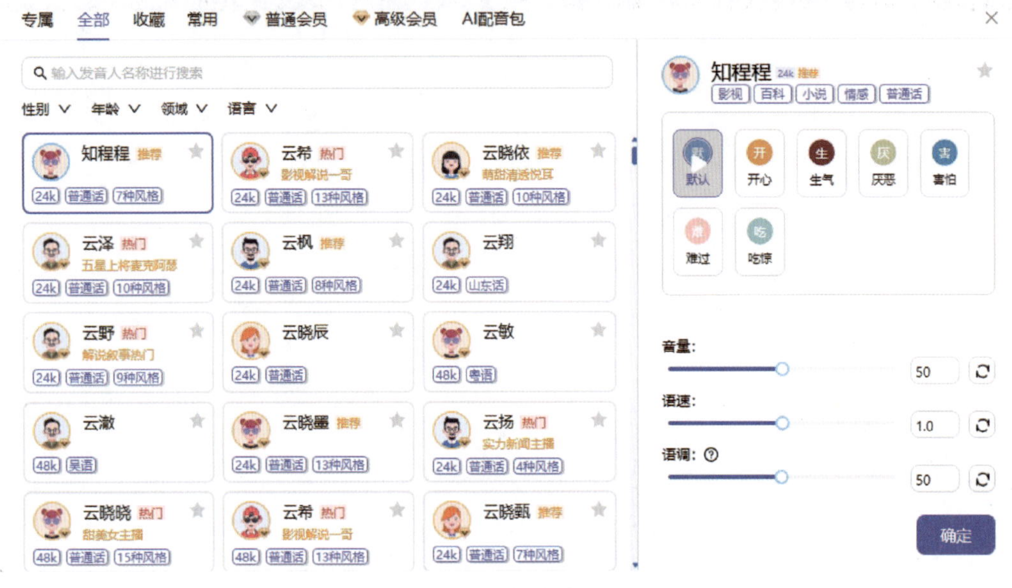

图 3-1-7 选择发音人页面

你还知道哪些常用的音频生成工具？请与同学交流、讨论。

知识链接

TTS 技术

TTS 技术，即文本转语音（text to speech）技术，是一种能将计算机中以文本形式存储的信息转换为可听语音输出的技术。简而言之，它使机器能够模拟人类“开口说话”。

从原理上讲，TTS 技术通常包含文本分析、韵律建模和语音合成 3 个关键步骤。在文本分析阶段，计算机会对输入的文本进行处理，识别文字、语法结构及语义等信息，例如准确区分多音字在具体语境中的读音。在韵律建模阶段，则根据文本内容，确定语音的韵律特征，如语调的高低起伏、语速的快慢，以及停顿的位置和时长等，以确保合成的语音更加自然流畅，符合人类的语言习惯。在语音合成环节，依据前面分析和建模所得的信息，利用声学模型等技术生成对应的语音波形，从而输出可听的语音。

三、音频生成工具的使用要点

（一）明确需求与目标

在使用音频生成工具之前，明确需求与目标是至关重要的基础步骤。这一环节直接关系到能否有效操作工具并生成符合预期的音频内容。若需求与目标模糊不清，不仅会造成资源浪费，还会使创作过程陷入困境。

不同的使用场景会产生不同的音频需求。以有声读物制作为例，该场景的音频需求侧重于情感表达与角色塑造。朗读者的声音需要根据书籍内容的情感基调进行调整。例如，在叙述悲伤情节时，语调应低沉，语速要放缓，以此传递出哀伤的氛围；描述欢快场景时，声音则应明快活泼。同时，为不同角色赋予独特的声音特点，能够增强故事的代入感。

（二）熟悉基本参数

熟练掌握音频生成工具的基本参数，是灵活运用该工具、提高音频生成质量的关键要素。这些参数的设置直接影响生成音频的质量、风格、表现力和感染力。

1. 性别与音色

性别与音色的选择与音频内容的主题和受众密切相关。以有声小说音频为例，若要塑造一位坚毅勇敢的男性角色，选择低沉且富有磁性的男性音色，能够增强角色的阳刚之气与权威性；而刻画温柔婉约的女性角色时，清脆甜美的女性音色则能精准传达角色特质，使角色形象更加生动。在企业宣传语音方面，稳健可靠的男性音色可传递出企业的专业与实力；亲切温暖的女性音色能够拉近与受众的距离，营造亲和力。

不同的音色还能够营造出多样化的情感氛围和风格。圆润柔和的音色可营造出温馨舒适的氛围，适用于情感类广播节目；尖锐冷峻的音色则可营造出紧张悬疑的氛围，适合悬疑小说类音频作品。此外，具有民族特色的音色还能够为民族音乐或地方文化宣传音频增添独特魅力。

2. 语速与语调

语速和语调的合理搭配，对音频的听感和信息传达效果有着决定性的影响。例如，在新闻播报场景中，保持适中且稳定的语速，能够清晰准确地传达新闻内容，确保听众不会错过关键信息；语调平稳且富有变化，在强调重点内容时适当提高语调，有助于突出新闻的重要性，吸引听众的注意力。

在广告配音中，语速和语调需要根据广告风格和产品特点进行灵活调整。对于快节奏、充满活力的广告（如运动品牌广告），可将语速加快，搭配激昂热情的语调，迅速吸引听众的注意力，激发他们的购买欲望；对于强调品质、舒缓优雅的广告（如护肤品广告），语速则应适当放慢，营造出优雅舒适的氛围，使听众更容易接受产品传递的信息。

3. 声音情绪

准确表达声音情绪能够极大地增强音频的感染力和共鸣度，使听众更深入地沉浸于音频内容之中。例如，在朗诵诗歌时，如果诗歌的情感基调为喜悦欢快，朗诵者需要运用充满激情、欢快的声音情绪，语速稍快，语调上扬；如果诗歌的情感基调为悲伤哀愁，朗诵者则应采用低沉、哀伤的声音情绪，语速放缓，语调低沉压抑。

4. 音量

音量的设置对音频内容的呈现效果有着重要影响。以有声读物为例，音量的均匀性至关重要。不同章节、不同段落之间的音量差异应控制在极小范围内，以免因音量忽大忽小给听众带来不适。同时，根据读物内容的情感起伏，可在局部适当调整音量。例如，在紧张刺激的情节中适当提高音量，能够增强紧张感；在温馨舒缓的情节中降低音量，有助于营造宁静的氛围。

（三）多次生成与比较

在音频生成工具的运用过程中，多次生成与比较是十分必要的环节。这一过程有助于从众多生成结果中筛选出最符合需求的优质音频。

1. 生成结果的多样性与不确定性

音频生成结果的多样性与不确定性主要源于模型算法的复杂性以及多种随机因素的影响。以深度学习为基础的语音合成模型为例，尽管它依据大量语音数据进行训练，但在生成过程中，模型内部的参数更新、神经元的激活状态等均存在一定随机性。例如，在合成一段新闻播报语音时，多次生成可能会出现语调、语速方面的细微差异。这是因为模型在将文本信息转化为语音的过程中，对于韵律、节奏的把握并非完全固定，不同的计算路径和参数取值会导致生成结果的不同。

2. 多维度比较筛选策略

为了从多样的生成结果中挑选出优质音频，需要从多个维度进行比较筛选。

（1）在音质方面，需要关注音频的清晰度、纯净度，以及是否存在杂音等要素。

通过专业音频分析软件，可以对音频的频率响应、信噪比等指标进行量化分析。例如，对于一段人声朗读音频，如果存在高频杂音，将会影响听众的听觉体验，这类音频应优先被排除。在语音合成中，清晰度高、音色自然的音频更能吸引听众的注意力，有助于提升内容的传达效果。

（2）情感表达是另一个重要的筛选维度。对于情感类广播节目，音频必须精准传达出相应的情感，如悲伤、喜悦、愤怒等。可以通过听众的主观感受以及专业的情感分析工具来评估音频的情感表达是否到位。例如，在讲述感人故事时，音频应饱含深情，通过语调的起伏、语速的变化等手段，让听众切实感受到故事中的情感张力。如果情感表达平淡，无法引起听众共鸣，则不符合要求。

3. 根据反馈优化生成策略

依据比较结果，可以对生成策略进行优化。如果发现生成的音频在语速方面过快或过慢，可以相应地调整语速参数。例如，在生成讲解类音频时，若语速过快，易导致听众难以理解内容，可以将语速参数降低 10%~20%，然后重新生成音频，观察效果是否得到改善。

任务实施

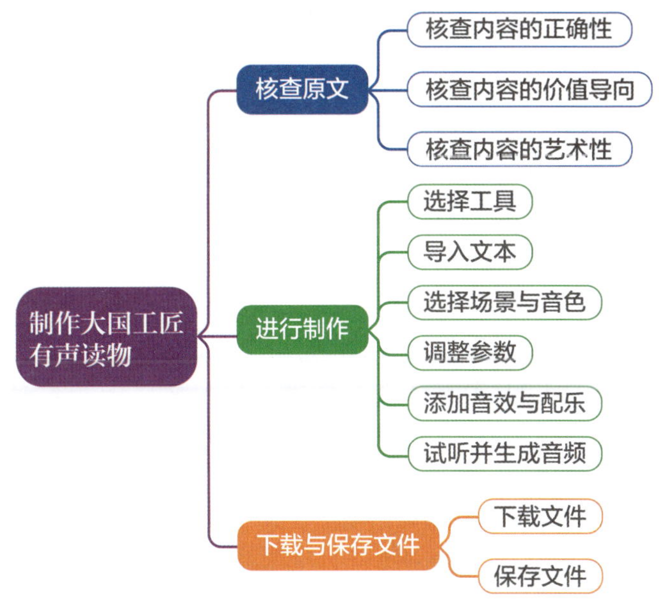

一、核查原文

有声读物是通过朗读者的声音、语调、节奏等元素来传达文字中的情感与意义，其基础建构于文字之上。因此，在制作有声读物的过程中，核查原文是一个至关重要的环节。

（一）核查内容的正确性

1. 文字与语法

（1）文字。需对原文中的每个字词进行细致入微的核查，以确保其使用准确无误。应认真审视是否存在错别字，对易混淆的字词，如“的”“地”“得”的用法，需特别留意。要排查生僻字的使用是否恰当，避免给读者带来理解上的障碍。在词语运用方面，要检查是否存在用词不当的情况，确保每个词语都能精准表达其预期含义。

（2）语法。对句子的语法结构进行深入分析是必不可少的。需检查主谓宾的搭配是否合理，确保主语和谓语在语义和逻辑上相互匹配，谓语和宾语之间的关系恰当。此外，还应关注修饰成分的使用是否得当，如定语、状语和补语是否准确修饰了相应的中心语，避免出现修饰语与中心语搭配不当等语病，从而确保文字表达既清晰又准确。

2. 标点符号

需逐一检查标点符号的使用，确保逗号、句号、感叹号等标点的运用符合规范，能够准确呈现句子间的关系，表达适宜的语气。应注意避免标点缺失、误用或滥用的问题，使文本阅读更加流畅自然。

（二）核查内容的价值导向

需全面审查原文的整体立意和主旨，判断其是否积极向上、充满正能量。对于大国工匠事迹宣传稿，应确认其所传达的工匠精神是否鼓舞人心，能否有效激发人们对工匠精神的敬仰与追求。要确保内容无任何消极、负面或具有误导性的元素，使读者能够感受到积极正面的力量。

（三）核查内容的艺术性

1. 结构与逻辑

深入分析宣传稿的篇章结构，判断其是否层次清晰、条理分明。首先检查开头部分，看其是否具有引人入胜的特质，能否成功吸引读者的注意力并引导读者进入主题。接着审视中间论述部分，确保其内容充实、论述有力，能够从多个角度进行阐述，论据充分且具有说服力。最后检查结尾部分，确认其是否能够有效总结全文内容，并在总结的基础上对主题进行升华。

2. 文采

对原文的语言文采进行评估，观察其是否巧妙运用了恰当的修辞手法，如比喻、拟人、排比等，这些修辞手法能使文字更加生动形象，增强文章的感染力。需检查是否使用了优美的词语，这些词语能提升文章的质感，使描述更加精准细腻。同时，要看是否采用了生动的表述方式，如通过具体的事例、形象的描写等手段，生动地展现大国工匠的风采和工匠精神的内涵，使读者在阅读时能产生强烈的共鸣和情感触动，从而更好地接受和理解所传达的内容。

二、进行制作

（一）选择工具

本任务介绍了腾讯智影、讯飞智作、蓝藻 AI 3 种常见的音频生成工具，以下将以项目二任务 1 完成的大国工匠宣传稿为基础，演示使用腾讯智影制作有声读物的过程。

（二）导入文本

在对宣传稿的原文进行核查后，打开腾讯智影，进入“文本配音”工作区，导入文本。此时，可选择直接复制粘贴全部文本，也可单击页面右上角的“导入文本”按钮，完成文本的导入，如图 3-1-8 所示。

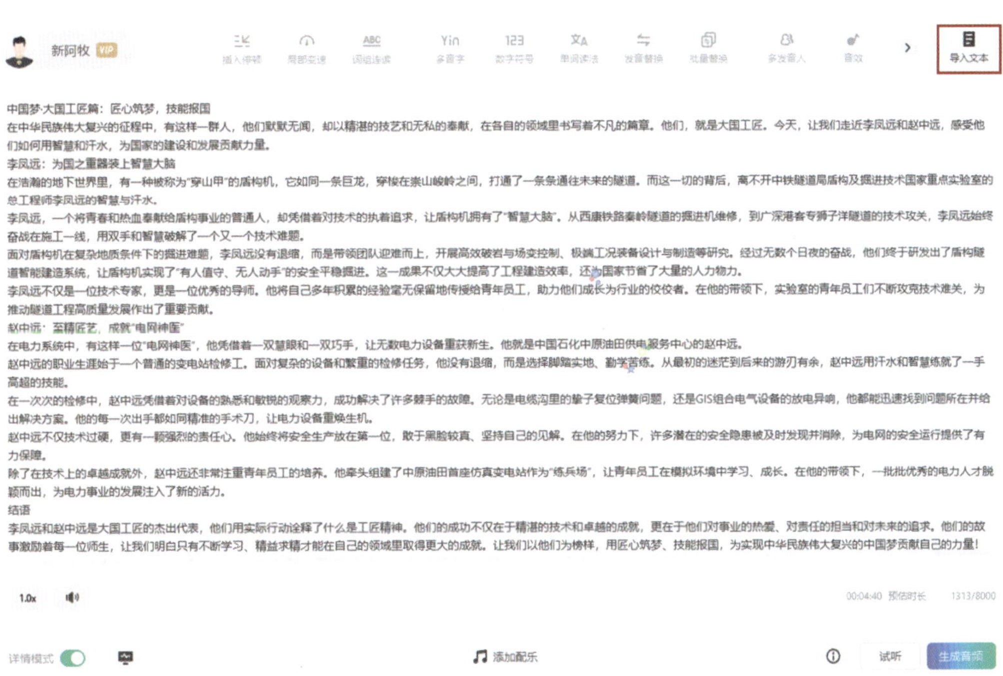

图 3-1-8　导入文本

（三）选择场景与音色

1. 选择场景

“文本配音”工作区的左上角是场景选择的操作区域，如图 3-1-9 所示。此处提供了多种常见的配音场景，根据本次制作需求，选择“有声小说”场景。

图 3-1-9　选择场景

2. 选择音色

场景选择区域的正下方是音色选择区域，此处提供了丰富的音色模型供选择。每个音色模型都可试听，可根据本次制作需求，进行多次试听，选择符合需要的音色模型，如图 3–1–10 所示。

图 3-1-10　选择音色

（四）调整参数

操作页面的正上方是参数调整工作区，如图 3–1–11 所示。可根据需求，进行“插入停顿”“局部变速”“词组连读”等参数设置。

当鼠标移动到相应参数位置时，界面会显示相关参数的具体含义与设置方法。适当地调整参数，可以提升有声读物的听感，但要注意不要随意地进行调整。

（五）添加音效与配乐

为了增加有声读物的沉浸感，可适当添加音效与配乐。

图 3-1-11　调整参数工作区

1. 添加音效

添加音效的按钮位于页面右上方，单击“音效”按钮，可以看到预置的数十种音效，包括机械、人生、生活、自然、放松、紧张等多个类别，如图 3-1-12 所示。

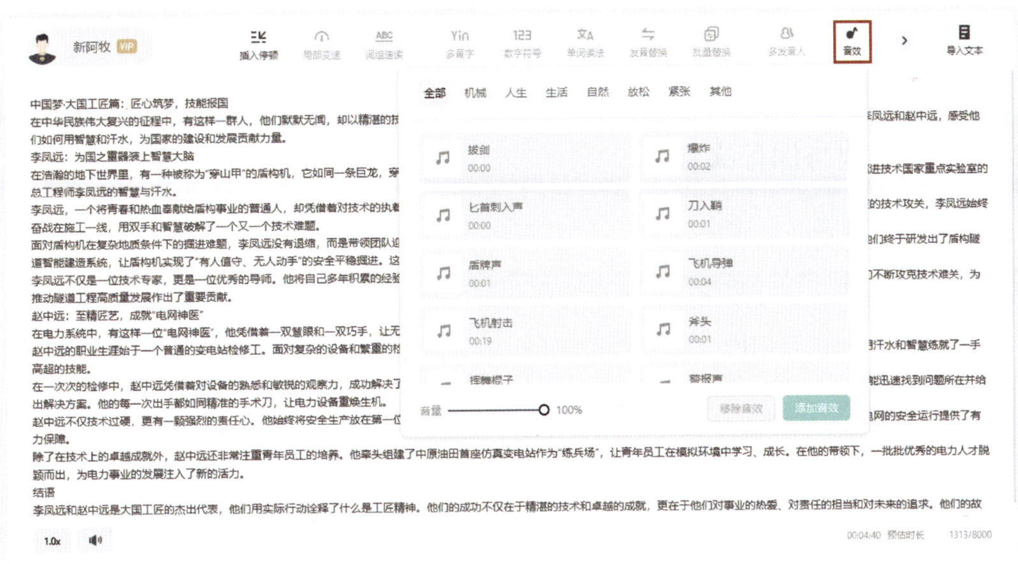

图 3-1-12　添加音效区域

2. 添加配乐

为有声读物添加配乐，可以增强其听感。单击页面左侧的“添加配乐”按钮，可浏览预置的多种配乐类型，如图 3-1-13 所示。每种配乐都可单击播放按钮进行试听，单击“使用”按钮即可直接应用。

图 3-1-13　添加音乐区域

（六）试听并生成音频

此时，我们已经完成了有声读物制作的大部分操作，可单击页面下方的“试听”按钮进行试听。若对效果满意，则可直接单击“生成音频”按钮，生成有声读物音频，如图 3-1-14 所示。若对效果不满意，则需要检查前面的操作步骤，进行反复调整，直至达到满意的效果。

图 3-1-14　试听并生成音频

三、下载与保存文件

（一）下载文件

单击“生成音频”按钮后，腾讯智影将开始自动生成音频文件。等待片刻，页面将自动跳转至腾讯智影的个人账号控制台。在页面左侧的“我的资源”栏目中，可看到最新的资源文件列表。单击相应文件区域，即可进行音频预览。预览窗口右侧设有“下载”按钮，单击此按钮，即可下载音频文件至本地，如图 3-1-15 所示。下载的音频文件默认格式为 MP3，这是一种广泛兼容的音频格式，可在大多数音频设备上播放。

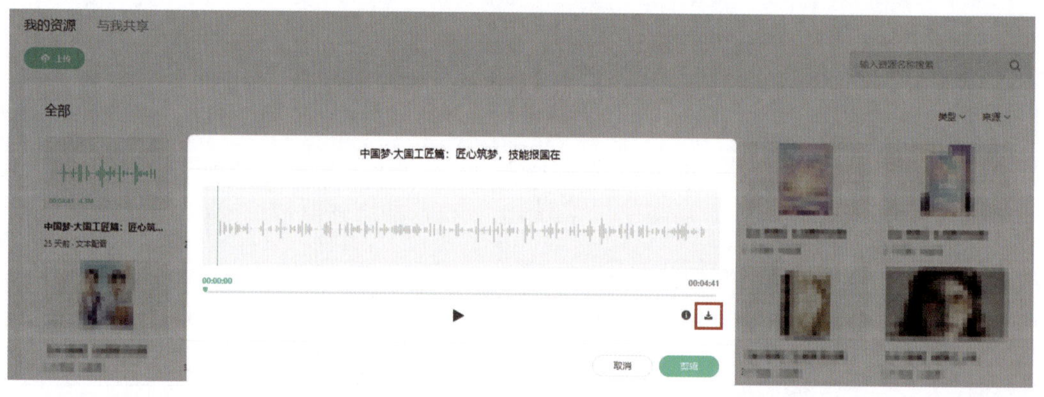

图 3-1-15　下载文件

（二）保存文件

下载音频文件后，应对其进行重命名设置，妥善保存，以便后期可快速定位与调用。

可将音频文件直接保存在计算机硬盘中，进行本地备份，也可以选择一些云端存储工具，将音频文件上传至云端，进行云端备份。这样，即使本地文件丢失或损坏，也能从云端恢复数据，确保音频文件的安全与可用。

任务 2　制作视频配音

任务描述

一、任务情境

某技师学院成功举办了以“智启未来·技融梦想”为主题的技能节，活动现已圆满落幕。技能节期间，同学们充分施展才华、发挥个性、挖掘潜能、团结协作，不仅锻炼了实践能力，更展示了技能风采。

学生会宣传部对整个技能节活动进行了全面记录，积累了丰富的视频资料，并精心制作了一支技能节宣传片。作为宣传部的一员，请你完成该宣传片的配音工作。

二、任务要求

1. 使用智能配音工具，为技能节宣传片进行配音制作。

2. 保证视频配音作品的质量，确保声音清晰、发音准确、音量适中、感情充沛。

3. 配音完成后，应将音频文件与视频文件进行精确合成，确保视频画面清晰流畅，音画同步。

4. 应将视频配音作品处理成兼容性强的视频文件格式，确保绝大多数视频播放软件都能正常播放。

三、任务资料

技能节宣传片视频资料和配音文字稿样例（见素材库）。

任务目标

1. 了解视频配音的概念与类型，掌握视频配音的基本制作方法与流程。

2. 能对视频内容进行分析，撰写切合视频内容的配音文字稿，并利用 AIGC 工具辅助撰写工作。

3. 能搜集并使用各种智能配音工具，生成符合要求的视频配音作品。

一、视频配音概述

视频配音，是在视频内容制作过程中添加声音元素的一种操作流程。根据功能和应用场景的不同，视频配音可以分为多种类型，其中人物对话配音、旁白解说配音、音效配音等是较为常见且具有代表性的类型。

（一）人物对话配音

人物对话配音是最为常见的类型之一。

在影视制作过程中，人物对话配音的需求往往源于多方面因素。一方面，演员的原声可能存在不符合制作要求的情况。例如，演员可能带有浓重的地方口音，这在某些需要标准发音的角色塑造中显得格格不入；或者演员的声音质量本身存在问题，如音色与角色形象不符、声音响度或清晰度不足等。另一方面，当影片需要在不同语言地区发行时，为了满足当地观众的需求，必须将影片翻译成其他语言版本，并重新进行人物对话配音。

（二）旁白解说配音

旁白解说配音在特定类型的视频作品中发挥着至关重要的作用，这类视频作品包括纪录片、教学视频和企业宣传视频等。

旁白解说配音以客观、中立的声音呈现，其主要功能是详细解释、说明视频内容，或者引导观众的思路，帮助观众更好地理解视频画面所展示的信息。通过旁白解说配音，观众可以更加清晰地了解视频的主题、背景和细节，从而增强对视频内容的认知和理解。

（三）音效配音

音效配音是视频配音中的重要组成部分，它主要为视频添加各种环境声音、动作声音等效果。例如，在动作电影中，打斗场景是吸引观众眼球的关键部分，而其中的拳脚碰撞声、武器挥舞声等音效都是通过专业的音效配音精心制作的。这些音效能够让观众更加身临其境，仿佛置身于激烈的打斗现场，增强视频的观赏性和沉浸感。

二、常用智能配音工具

智能配音工具是音频类 AIGC 工具中的一个类型，下面将介绍 3 种专注于配音领域的工具。

（一）刺鸟配音

刺鸟配音可以为用户提供一站式的人工智能配音服务，其主界面如图 3-2-1 所示。

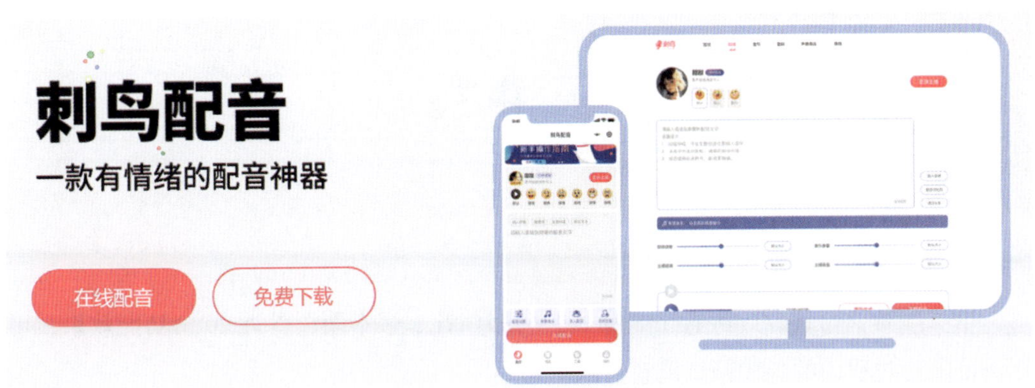

图 3-2-1　刺鸟配音主界面

单击主界面的“在线配音”按钮，即可进入刺鸟配音工作区，如图 3-2-2 所示。在配音模式上，刺鸟配音支持单人配音、多人音频两种工作模式；在功能参数上，支持多音字、敏感词、停顿等多种参数的调整。此外，还支持添加背景音乐和选择主播音色。

图 3-2-2　刺鸟配音工作区

（二）琅琅配音

琅琅配音是一款智能文本转语音工具，支持 30 多种语言和超过 10 种情感风格，其主界面如图 3-2-3 所示。

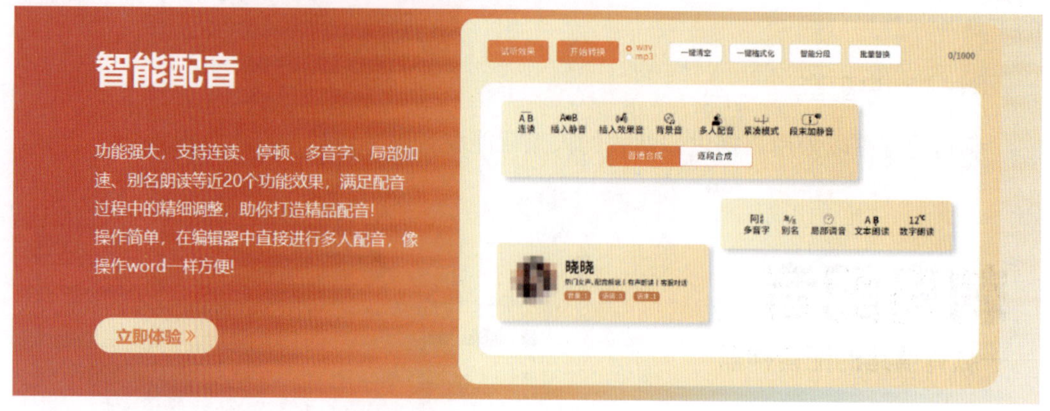

图 3-2-3 琅琅配音主界面

琅琅配音支持连读、多音字、别名、局部调音、文本朗读等近 20 个功能效果，可以满足配音过程中的各种精细调整需求。

单击主页面的“立即体验”按钮，即可进入琅琅配音工作区，如图 3-2-4 所示。用户可在此处进行音色选择，设置各种功能参数。在文本输入区，还用灰色文字内置了“温馨提示”，为用户展示了一些常用的小技巧。

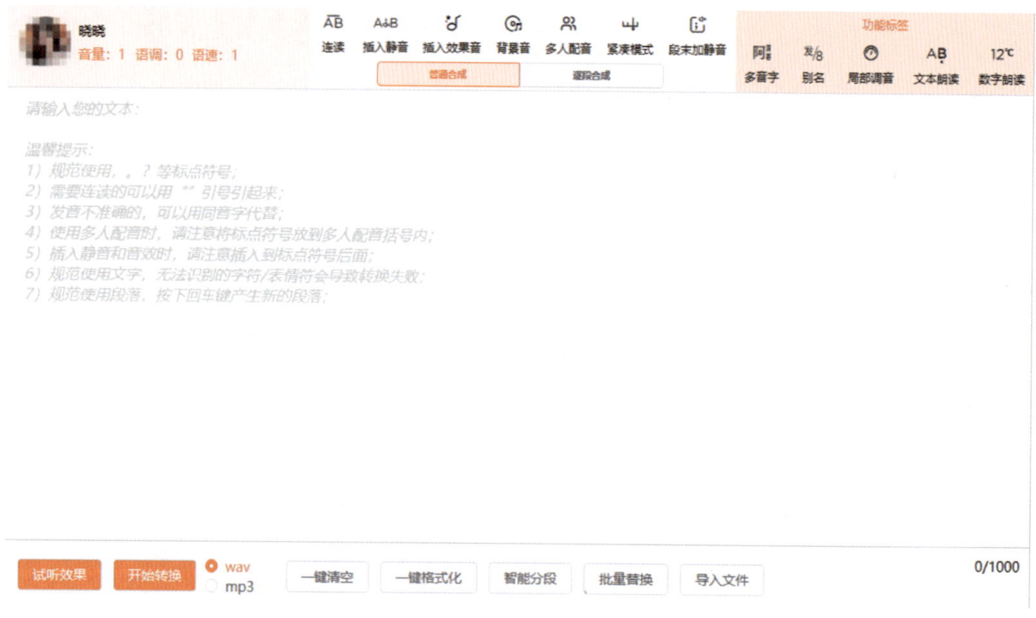

图 3-2-4 琅琅配音工作区

（三）魔音工坊

魔音工坊是一款高效的人工智能音频工具。在配音方面，支持逐句试听、多音字、停顿、重读、局部变速、多发音人等近 20 个功能，其主界面如图 3-2-5 所示。

图 3-2-5　魔音工坊主界面

选择魔音工坊的“软件配音”功能，单击“免费试用”按钮，即可快速进入配音工作区，如图 3-2-6 所示。工作区上方为功能参数调整区，单击右上角的蓝色按钮，可以快速进行音色选择。此外，魔音工坊还提供添加音效、添加配乐、调整音量等特色功能。

图 3-2-6　魔音工坊配音工作区

你还知道哪些常用的智能配音工具？请与同学交流、讨论。

三、智能配音工具的使用要点

（一）充分理解原视频

充分理解原视频是配音工作的基础，包括理解原视频的内容和情感两个层面。

1. 理解原视频的内容

在使用智能配音工具之前，必须对原视频内容进行深入且全面的理解。要仔细观看视频，明确其主题，剖析情节发展脉络，梳理人物关系，并准确提炼出核心信息。例如，对于科普类视频，要精准确定所阐述的科学知识点；对于故事性视频，要详尽掌握故事的起因、发展、转折与结局等关键情节。只有准确把握视频内容，才能为后续的配音工作提供正确的方向和坚实的基础。

2. 理解原视频的情感

原视频所蕴含的情感是配音工作中不可忽视的重要因素。视频可能呈现出喜悦、悲伤、紧张、激动等多样化的情感色调。通过对画面、音乐、角色表现等多方面元素的综合考量，要敏锐感知这些情感，并在配音过程中准确地体现出来。例如，感人场景的配音应具备深情且温暖的特质，紧张刺激情节的配音则要富有张力和紧迫感。

（二）配音与视频协调

1. 音画同步

音画同步是配音与视频协调的基本原则。这要求配音中的每一句话、每一个词语的出现，都要与视频里人物的口型、动作以及情节发展精确匹配，不应出现明显的延迟或提前现象。为了实现音画同步，在生成配音时，需要精心调整时间轴，确保声音与画面的完美契合，从而为观众带来流畅的视听体验。

2. 节奏顺畅

配音的节奏应与视频的节奏相协调。如果视频节奏较快，配音的语速和节奏也应相应加快，以增强紧张感和动感；如果视频节奏较慢，配音则应舒缓、沉稳，营造出宁静或庄重的氛围。在调整节奏时，要注重停顿和语速的合理变化，避免过于急促或拖沓，使配音与视频的节奏相互呼应，协同推动情节发展。

3. 有“呼吸感”

优质的配音应具备“呼吸感”，即听感自然、真实，仿佛真实人物在说话。这需要在配音中适度添加呼吸声、语气词和轻微停顿，使配音更具人性化和生活气息。“呼吸感”还体现在配音的语调变化和情感起伏中，应有高低错落、轻重缓急的变化，避免单调的平板式朗读。这样才能更好地与视频情境相融合，增强观众的代入感。

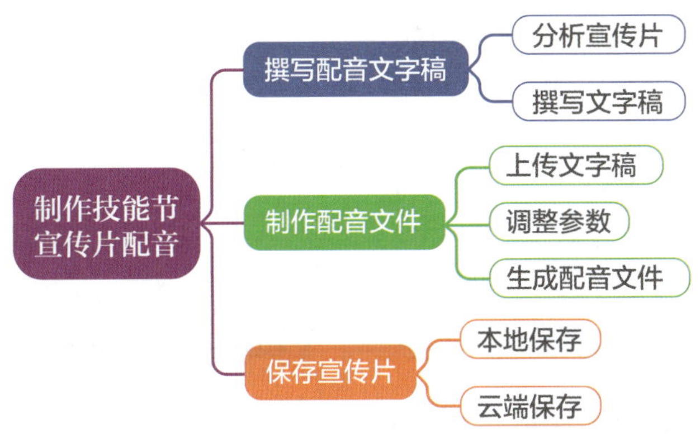

一、撰写配音文字稿

视频配音是一个将文本转化为音频，再将音频与视频画面相融合的过程。因此，本任务的第一步，要从分析宣传片的内容，撰写相应配音文字稿开始。

（一）分析宣传片

1. 分析配音的类型

本任务是对技能节宣传片进行配音，配音内容即为宣传片的文案，属于“旁白解说配音”范畴，不涉及人物对白。相应地，需要撰写的文字稿也应为旁白或解说文字稿。

2. 分析宣传片的内容

以素材库提供的宣传片为例，如图 3–2–7 所示。首先要仔细观看宣传片的内容，手动记录关键信息。可以逐帧分析画面元素，如人物形象、场景布置、色彩运用等，同时留意文字说明和背景音乐等辅助元素，以全面理解宣传片的主题、目的和传达的核心信息。在此过程中，运用自身的观察力、判断力和逻辑思维能力，对宣传片的内容进行解读，并写下详细的分析笔记。

（二）撰写文字稿

对宣传片的内容进行分析后，就可以着手撰写文字稿了。

1. 人工撰写

根据对宣传片内容的分析，运用自身的语言表达能力和写作技巧，完成文字稿的撰写。在撰写过程中，应充分发挥创意和想象力，以生动、准确的文字描述宣传片中的画面、情节和所传达的信息。注重语言的逻辑性和连贯性，确保文字稿能够清晰地呈现宣传片的主题和要点。同时，可以结合个人的理解和感受，适当加入评论和见解，增强文字稿的独特性和深度。

图 3-2-7　技能节宣传片截取画面

2. 人工智能辅助撰写

在撰写文字稿的过程中，可以利用一些写作辅助工具提供支持。例如，使用智能语法检查工具纠正语法错误，优化语言表达；利用关键词提取工具获取宣传片中的关键信息，为文字稿的结构和重点内容提供参考；还可以借助语言模型生成初步的段落或句子，启发写作思路。但需要注意的是，这些工具只是辅助，我们仍需对文字稿内容进行人工修改和完善，以确保其质量和准确性符合要求。

二、制作配音文件

撰写完文字稿后，应选择合适的智能配音工具来制作配音文件。下文将以刺鸟配音为演示工具，展示制作配音文件的过程。

（一）上传文字稿

打开刺鸟配音官网，进入配音工作台后，将撰写的文字稿复制粘贴至输入框中，如图 3-2-8 所示。

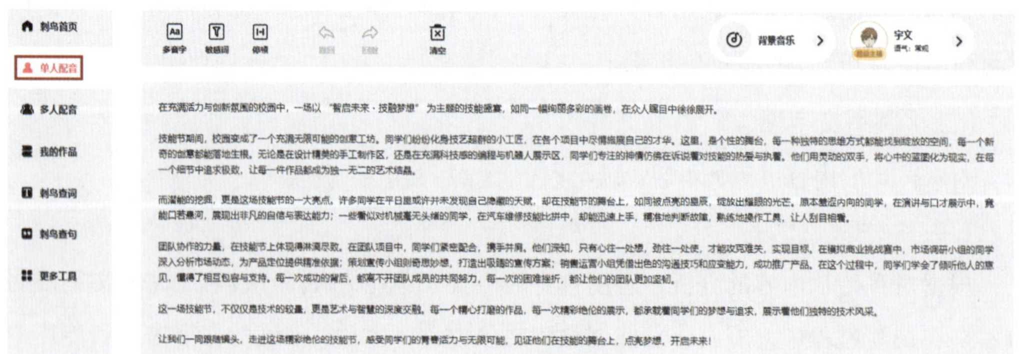

图 3-2-8　粘贴文字稿

工作台的默认设置为“单人配音”模式，这符合为技能节宣传片进行配音的需求，因此无须调整。若有多人配音需要，单击工作台页面左侧的“多人配音”按钮，即可进入多人配音模式。

（二）调整参数

在操作台页面上方，可进行多种参数设置。单击页面右上角的“宇文”（默认音色），可进入音色选择界面，如图 3–2–9 所示。不同的主播代表不同的音色，且每位主播都支持对情绪、语速、语调、停顿等参数进行调整。根据宣传片的特点和文字稿的内容，对相关参数进行适当调整，以达到最佳的配音效果。

图 3–2–9　音色选择界面

（三）生成配音文件

调整完参数后，单击页面右上角的“生成配音”按钮，即可生成配音文件。此时，可对配音文件进行试听，试听满意后，便可单击“下载音频”按钮，将配音文件保存至本地，如图 3–2–10 所示。

接下来，就可以使用“剪映”等视频剪辑工具，将技能节宣传片原视频与配音音频文件一起导入到剪辑工具中，进行音视频的合成，最终输出带有配音的宣传片视频。

三、保存宣传片

（一）本地保存

进行本地保存时，应首先确定本地存储设备中有足够的可用空间，并选择一个合适的文件夹来保存宣传片。可以在本地硬盘中创建一个专门的文件夹，如“宣传片项目”，以便后续的管理和查找。

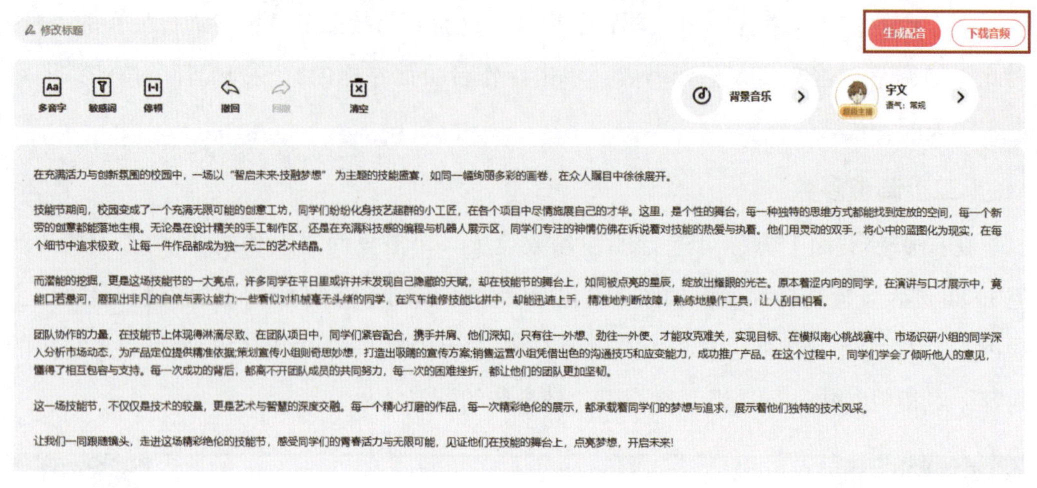

图 3-2-10 生成并下载配音文件

（二）云端保存

可根据自己的需求，综合评估不同云存储服务平台的存储空间大小、上传下载速度、安全性和费用等因素，选择适合的平台，上传宣传片文件至云端进行保存。

任务 3 创作主题班歌

任务描述

一、任务情境

青年是国家的未来、民族的希望。近年来，习近平总书记围绕青年工作发表了一系列重要论述，希望广大青年充分展现自己的抱负和激情，胸怀理想、锤炼品格，脚踏实地、艰苦奋斗，不断书写奉献青春的时代篇章。

请学习习近平总书记关于青年工作的重要论述，体悟新时代技能青年的责任与担当，并结合校训、班训精神，创作一首主题班歌。

二、任务要求

1. 使用音乐生成工具，创作一首主题班歌。

2. 所创作班歌应结构完整、要素齐全、音质良好，包括伴奏、人声、歌词等内容。

3. 要求主题班歌应充分展现新时代技能青年的精神风貌，并融合所在地区、学校、专业的独特元素。

4. 应将主题班歌作品处理成兼容性强的音频文件格式，确保绝大多数音频播放软件都能正常播放。

三、任务资料

自行查阅校训、班训，以及所学专业方面的相关资料。

任务目标

1. 了解音乐与歌曲的基本知识，以及主题班歌的作用。

2. 能自主搜集生成主题班歌的各项资料，并熟练使用文本类 AIGC 工具生成合适的歌词。

3. 能搜集并使用各种音乐生成工具，了解不同工具的优势与特点，根据实际需求选择适用的工具，生成符合要求的完整歌曲。

相关知识

一、主题班歌概述

（一）音乐与歌曲

音乐，通常被定义为一种通过有组织的乐音来表达思想、情感，并反映现实生活的艺术形式。此处的“乐音”指的是具有一定频率，听起来和谐悦耳的声音，由发音体有规律地振动产生，与“噪声”截然不同。它的基本要素包括节奏和旋律，可分为声乐和器乐两大类。

歌曲，则是将诗歌与音乐巧妙结合而创作的一种艺术形式，供人们歌唱和欣赏。它借助组织化的乐音和富有感染力的歌词，来传达思想、表达情感，并映射现实生活。歌曲以节奏和旋律为核心音乐要素，以歌词为文学基石，展现出声乐的独特魅力。根据表现形式的不同，歌曲既可独立存在作为艺术作品，也可用于集体演唱或表演，是音乐与文学相互交融、相得益彰的一种综合艺术形式。

拓展阅读

旋律、节奏与和声

1. 旋律

旋律是指音乐在横向维度上的发展进程。当乐音按照时间顺序有序排列成一系列音列时，即形成了旋律。在音乐的基本构成要素中，旋律往往是最容易被听众熟知并记住的部分。当我们不经意间哼唱起某首歌曲或乐曲的曲调时，脑海中浮现的通常是旋律的轮廓。

2. 节奏

节奏体现了音乐中乐音在时间维度上的长短与强弱变化，它与节拍、速度等音乐概念紧密相连，被形象地比作音乐的骨架。节拍是衡量音乐节奏的基本单位，其中重拍和弱拍以规律性、周期性的方式交替出现。不同的节拍会带给听众截然不同的感受。例如，四拍的乐曲节奏稳健，容易激发听众起舞的冲动；而三拍的节奏则更显优雅或温柔。不同的节拍结构会形成独特的节奏感，这种差异决定了乐曲的风格特征。

3. 和声

和声是指 3 个及 3 个以上的音符在音高上以纵向方式相互结合，首先构成和弦结构，然后按照横向顺序依次连接，从而形成和声序列。在歌曲中，和声具有功能性和色彩性两方面的重要意义。它在构建乐曲的分句、分乐段结构，以及修饰音乐色彩等方面发挥着至关重要的作用。

（二）主题班歌的作用

主题班歌是一种特殊类型的歌曲，它与班级的特定主题紧密相连，是班级文化的重要组成部分，也是班级集体精神的一种音乐化表达。它通常围绕班级的特色、目标、价值观或者特定的教育主题创作而成，歌词中往往会包含与班级相关的元素，如班级名称、班级成员的共同追求、班级的独特氛围等。

在音乐风格上，主题班歌没有固定的限制，可以根据班级的特点和需求进行选择。可以是充满活力的流行风格，展现班级的青春活力；也可以是温馨抒情的民谣风格，表达班级成员之间的深厚情谊。

你所在的学校是否有校歌？如果有的话，歌名是什么？你会唱吗？

一首好的主题班歌能够起到增强班级凝聚力、发扬班级文化、激励班级成员成长等多方面的作用。

1. 增强班级凝聚力

主题班歌能够将班级成员紧密地团结在一起。当全班同学共同演唱班歌时，在旋律和歌词的引领下，会形成一种强烈的集体意识。在这个过程中，每个同学都能深切感受到自己是班级这个大家庭中的一员，与大家有着共同的目标和追求。

2. 发扬班级文化

班歌是班级文化内涵的载体，是班级价值观、传统和特色的一种音乐化展示方式。通过班歌的创作与传唱，班级成员能够更深刻地理解并传承班级的核心理念。

3. 激励班级成员成长

主题班歌的歌词往往充满积极向上的力量，能够激励班级成员在学习、生活等方面不断成长。歌曲中传达的关于理想、奋斗、坚持等价值观，可以成为同学们内心的动力源泉。

二、常用音乐生成工具

下文主要介绍 3 种音乐生成工具。

（一）网易天音

网易天音是一款一站式人工智能音乐创作工具，提供智能编曲、一键生成音乐试样（Demo）、词曲编唱等功能，适用于音乐创作者和乐理学习者，其功能介绍页面如图 3-3-1 所示。

图 3-3-1　网易天音功能介绍页面

1. AI 编曲

“AI 编曲”功能能够根据用户选择的音乐风格、节奏和乐器等参数，自动生成编曲，使得即使是音乐创作初学者也能轻松创作出符合自己要求的音乐作品。

2. AI 一键写歌

这一功能允许用户在短短几秒钟内完成词曲编唱的创作。用户只需输入关键词或描述，网易天音便能迅速生成一首完整的歌曲。

3. AI 作词

“AI 作词”功能能够根据用户的输入和需求，快速生成贴合主题的歌词，为音乐创作者提供了丰富的灵感来源和极大的创作便利。

（二）TME Studio

TME Studio 是一款在线音乐创作助手，其主要功能如图 3-3-2 所示。

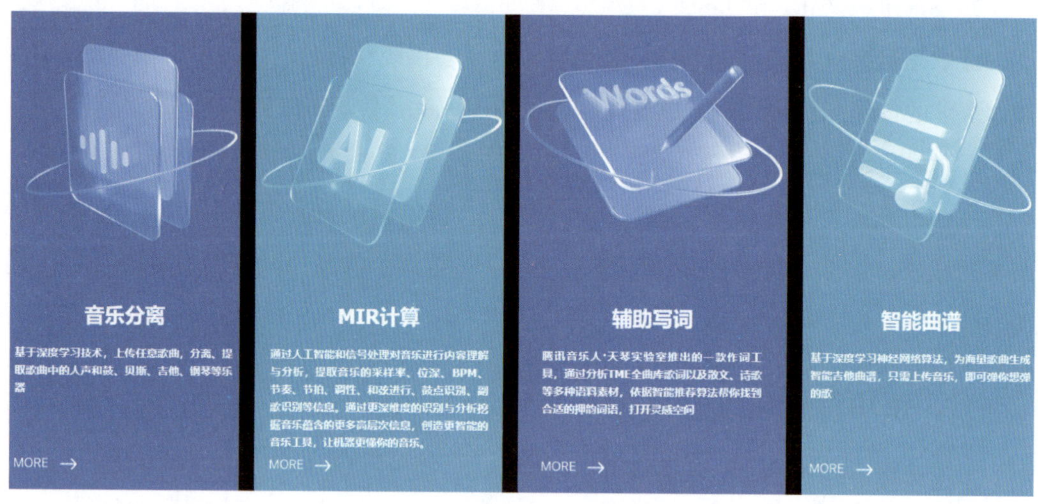

图 3-3-2　TME Studio 功能介绍页面

1. 音乐分离

用户可以上传任意歌曲，系统将自动分离并提取歌曲中的人声和各种乐器声部，如鼓、贝斯、吉他、钢琴等。

2. MIR 计算

MIR 即音乐信息检索（Music Information Retrieval）。MIR 计算是指通过人工智能和信号处理技术，深入分析音乐内容，提取包括采样率、位深、拍子数、节奏、节拍、调性、和弦进行、鼓点识别、副歌识别等关键信息，进而挖掘音乐更深层次的内涵。

3. 辅助写词

“辅助写词”功能通过分析全曲库的歌词，以及散文、诗歌等多种语料素材，利用智能推荐算法为用户找到合适的押韵词语，激发创作灵感。

4. 智能曲谱

“智能曲谱”功能能够为大量歌曲生成智能吉他曲谱。用户只需上传音乐、歌词，即可获得曲谱，方便演奏。

（三）海绵音乐

海绵音乐是一款人工智能音乐创作产品，用户仅需输入一句话或者歌词，即可快速生成音乐，极大地降低了音乐创作的门槛。

海绵音乐支持灵感创作和自定义创作两种创作模式。

1. 灵感创作模式

在灵感创作模式下，用户只需输入一段灵感描述语句，即可自动生成音乐。该模式的一大特色功能是“随机灵感”，即让人工智能随机生成一些描述词，为用户提供创作灵感，这也是该模式被称为“灵感模式”的原因。海绵音乐灵感创作模式页面如图 3-3-3 所示。

图 3-3-3　海绵音乐灵感创作模式页面

2. 自定义创作模式

在自定义创作模式下，用户可以自行输入歌词，也可以使用人工智能“一键生词”。与灵感创作模式不同，用户可以自主选择曲风、心情、音色等音乐要素，自定义程度更高。海绵音乐自定义创作模式页面如图 3-3-4 所示。

图 3-3-4　海绵音乐自定义创作模式页面

> 你还知道哪些音乐生成工具？请与同学交流、分享。

三、音乐生成工具的使用要点

音乐生成工具的使用极大地降低了音乐创作的门槛，为音乐人和爱好者提供了丰富的创作支持。然而，要最大化这些工具的创作潜力，需要深入理解其特点，并在创作过程中注重运用适当的方法。

（一）曲风选择

曲风选择是音乐创作的核心环节，直接决定了作品的情感基调与受众体验。音乐作为表达情感与思想的重要媒介，其多样化的曲风能够传递特定的情感氛围。

知识链接

常见歌曲曲风类型见表 3-3-1。

表 3-3-1　常见歌曲曲风类型

序号	曲风类型	具体说明
1	流行（Pop）	主流音乐，旋律简单易记，节奏明快，广泛面向各年龄层受众。歌词内容贴近生活，常表现爱情、青春等主题

续表

序号	曲风类型	具体说明
2	摇滚（Rock）	通常使用电吉他、贝斯和鼓等乐器，节奏强劲，表达激昂情绪。主题涉及自我表达等，富有力量和激情
3	电子（Electronic）	以合成器、鼓机等电子设备为主要创作工具，风格多变，涵盖舞曲、氛围音乐等，常用于表达未来感、科技感的声音体验
4	嘻哈（Hip-Hop）	主要包括说唱和采样音乐，歌词多关注社会议题或个人经历，节奏感强烈
5	古典（Classical）	以复杂的乐理、和声结构著称，使用管弦乐器演奏，注重音乐表现的深度和形式感
6	民谣（Folk）	源于民间传统，旋律简单，歌词通常反映地方风情或民众生活，风格随地区文化不同而多样化，富有地域特色和民族韵味
7	爵士（Jazz）	注重即兴演奏和复杂和声，风格涵盖传统爵士、融合爵士等，常表现自由、创意与个性
8	蓝调（Blues）	基于12小节蓝调结构，旋律情感深沉，歌词多表现苦难、失落与希望等人生主题，常使用吉他和口琴等乐器演奏
9	金属（Metal）	从摇滚音乐衍生而来，特点是高速的节奏和强烈的鼓点，常用于表现激烈的情绪
10	节奏布鲁斯（R&B）	融合蓝调元素，旋律流畅，歌词常以爱情为主题，风格随时代演变不断创新

在使用音乐生成工具时，一般应从创作目的、目标受众和主题内容3个方面选择曲风。

1. 创作目的

如果作品用于主题班歌创作，旨在激发集体活力与凝聚力，推荐选择流行、摇滚或电子曲风。这些曲风具有动感的节奏，旋律易于记忆，容易引起情感共鸣。

2. 目标受众

受众的年龄层、文化背景和音乐偏好对曲风接受度有显著影响。青少年群体通常偏爱流行、嘻哈或电子等现代曲风，而年长受众可能更偏好古典、爵士或民谣。同时，文化背景也不容忽视，如将地方民俗音乐与现代编曲技术相结合的作品，往往更受欢迎。

3. 主题内容

不同的主题需要与之匹配的曲风来表达情感。例如，温暖的主题适合采用抒情流行或民谣曲风来演绎，而冒险或奋斗的主题则更适宜选择摇滚或电子风格来表达。

你平时喜欢哪种风格的歌曲？你希望班歌是什么风格的歌曲？

（二）工具搭配

1. 不同音乐生成工具之间的搭配

音乐生成工具各具特色，通过将不同工具进行组合搭配，可以实现更为丰富多样的音乐创作效果。

2. 音乐生成工具与文本生成工具之间的搭配

音乐与歌词的精妙融合能够极大地提升音乐的表现力。可以将音乐生成工具与文本生成工具协同使用，为音乐创作提供富有感染力的歌词。文本生成工具能够依据特定的主题、情感或故事脉络生成歌词内容，而音乐生成工具则可以为这些歌词适配恰当的旋律与节奏，共同打造出完美的音乐作品。

（三）细节调试

1. 调整歌词

歌词是歌曲表达情感与主题的关键载体，若对生成的歌曲不满意，可考虑对歌词进行调整。

（1）人工调整歌词时，应首先检查歌词的语法和拼写是否正确，确保表达清晰准确，无语病和错别字。其次，要分析歌词的情感表达是否与歌曲的主题和风格相符，如欢快节奏的歌曲应配以充满活力的歌词，而悲伤的歌曲则需更加深沉感人的歌词。最后，可以调整歌词的韵律和节奏，使其与音乐的旋律更加契合，增强歌曲的节奏感和韵律美。

（2）使用文本类 AIGC 工具优化歌词时，可以将初步生成的歌词输入工具中，并明确具体的优化需求，如增强歌词的诗意、提高情感表达的深度、使歌词更加简洁明了等。工具会根据这些需求对歌词进行重新生成或调整，为创作者提供更多的灵感和选择。此外，还可以结合人工判断和工具优化的结果，进行反复迭代，直到获得满意的歌词。这种方式既能发挥人工智能的高效性和创新性，又能保留人类创作者的情感理解和艺术审美，共同打造出高质量的歌词作品。

2. 调整曲风

曲风决定了音乐的整体风格与情感基调。若生成的音乐曲风与预期存在差异，则可借助工具进行调整。许多音乐生成工具都提供了多种曲风预设供用户选择，应灵活使用这些曲风预设，必要时切换工具，以便得到符合预期的结果。

3. 调整音色

人声音色对歌曲的表现力具有重要影响。可根据歌曲的风格与情感需求，对人声音色进行调整。要充分考虑男声、女声、童声等音色的特性，尝试使用不同类型的人声音色生成歌曲，并进行反复试听，以达到最佳效果。

任务实施

一、搜集必要资料

（一）背景资料

青年作为国家的未来和民族的希望，肩负着时代赋予的重任。在创作主题班歌前，应深入学习习近平总书记关于青年工作的重要论述，同时，将青年的活力、朝气与使命感融入歌曲之中。此外，还可以搜集一些关于青年奋斗、成长、担当的故事和名言警句，作为歌词创作的灵感来源。

（二）特色资料

深入了解所在地区的文化特色、学校的办学理念和班级的独特氛围，对于创作具有个性的主题班歌至关重要。例如，如果所在地区有着丰富的民间音乐传统，可以从中汲取元素，为班歌增添地域特色。学校的校训、校歌和校园文化活动也可以为班歌提供创作思路。班级的特点，如班级口号、班级精神、班级活动等，可以成为歌词的重要内容，彰显班级的凝聚力和向心力。

你熟悉所在学校的校训吗？你所在班级的班训是什么？

二、明确歌曲类型

在考虑班级特点和目标的基础上，选择适合的歌曲类型。若班级成员普遍喜爱流行音乐，可以选择流行风格的主题班歌，以增强歌曲的吸引力和传唱度。若班级希望展现青春活力和拼搏精神，可以选择摇滚或快节奏的流行歌曲。若班级注重文化传承和情感抒发，可以考虑民谣或古典风格的歌曲。此外，还可以根据班级的活动主题和氛围来选择歌曲类型，如运动会期间可以选择充满活力的运动歌曲，毕业季可以选择温馨感人的离别歌曲。

三、进行歌曲创作

海绵音乐的操作方法相对简单，没有专业音乐知识背景也可以轻松参与创作。以下将使用海绵音乐进行主题班歌创作。

（一）输入歌词内容

进入海绵音乐工作台，选择“自定义创作”模式，即可看到输入歌词的页面。此时，有以下两种选择。

选择一：使用文本生成工具，根据班级的主题、特色，以及搜集到的资料，生成歌词。例如，输入关于青年奋斗、成长、担当的故事和名言警句，以及学校所在地的地域特色、学校的办学理念、班级口号、班级精神和班级活动等内容，使生成的歌词更具针对性和独特性。

图 3-3-5 展示了使用豆包生成的歌词。

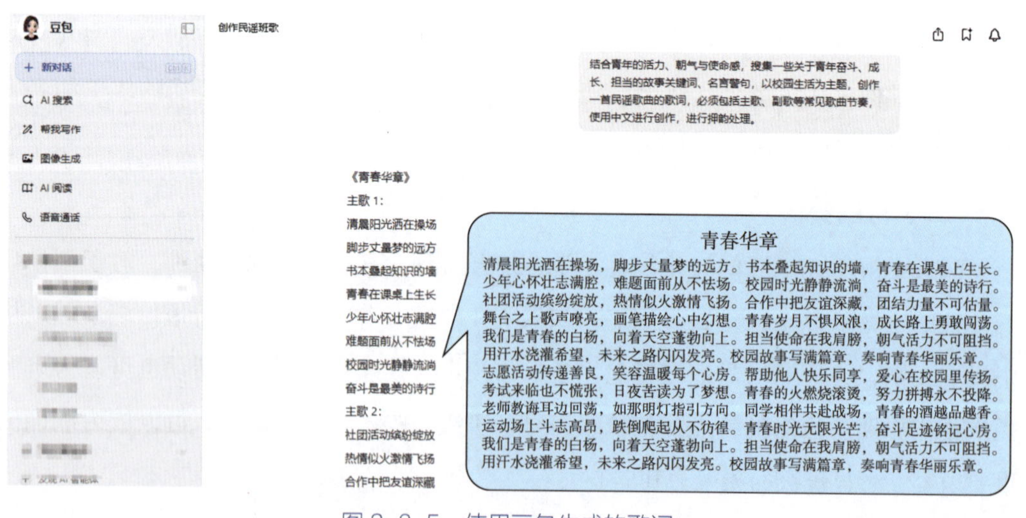

图 3-3-5 使用豆包生成的歌词

你觉得豆包生成的这份歌词如何？如果让你修改，你会如何修改？

选择二：借助海绵音乐的“灵感生词”功能，进一步丰富歌词内容。通过这个功能，可以快速获得更多的创意和灵感，为班歌创作增添更多可能性。

使用海绵音乐“灵感生词”功能生成歌词的界面如图 3–3–6 所示。

图 3-3-6　使用“灵感生词”功能生成歌词

（二）调整相关参数

在海绵音乐中，需要调整的参数主要有 3 个，分别是曲风、心情和音色。

1. 曲风

可根据创作需求和班级特点，从多种曲风中选择。由于前期使用豆包生成歌词时，已经确认了“民谣”风格，因此在“曲风”处选择“民谣”。

2. 心情

在海绵音乐中，不同的心情选项能为歌曲赋予特定的情感氛围。选择“民谣”风格后，心情选项可选“快乐”“怀旧”“思念”“伤感”等。结合主题班歌的内容，此处选择“快乐”。

3. 音色

女声和男声的不同音色能为歌曲带来不同的感觉。女声通常较为细腻、温柔，能为歌曲增添柔和的情感色彩；男声则可能更加浑厚、有力，适合表达坚定、豪迈的情感。此处选择“女声”。

另外，海绵音乐还支持输入歌曲名称。

以上参数选择如图 3–3–7 所示。

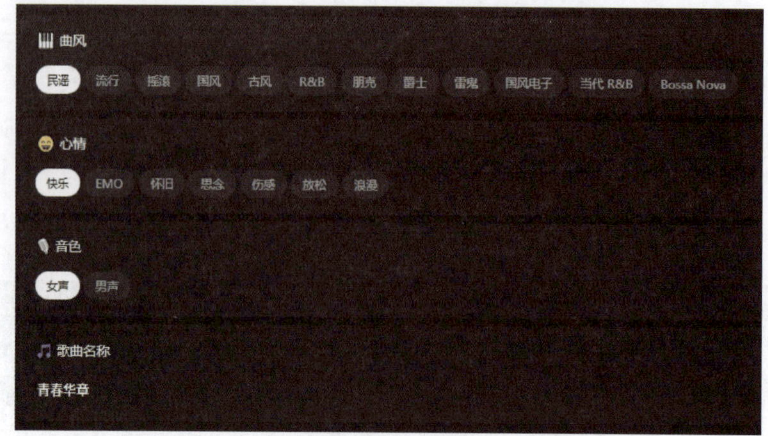

图 3-3-7 调整参数

（三）生成并保存歌曲

调整相关参数后，单击“生成音乐”按钮，稍等片刻后，便可生成歌曲。海绵音乐一次可生成 3 首歌曲供用户选择。选择满意的歌曲后，便可对歌曲进行保存。

1. 保存格式

海绵音乐支持导出 MP4 格式的视频文件，且已设计好了播放器样式的动态效果。若仅需纯音频格式，可使用文件转换工具提取视频中的音频，再保存为 MP3、WAV、FLAC 等音频格式。

2. 保存方法

保存歌曲文件的方法有多种，可以直接在海绵音乐中进行保存，也可以将歌曲导出到本地硬盘或其他存储设备中。在保存歌曲时，应注意给文件命名，以便于管理和查找。同时，也可以将歌曲备份到多个存储设备中，以防文件丢失。

此外，还可以利用云端存储服务进行保存，例如将歌曲上传至云盘等工具中，以便随时随地访问和分享。

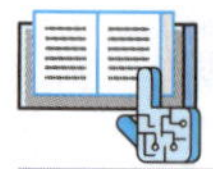

项目小结

通过本项目的学习，你不仅掌握了音频类 AIGC 工具的具体使用方法，还通过“制作有声读物”“制作视频配音”“创作主题班歌”3 个具体任务，加深了对音频类 AIGC 工具的理解，拓展了应用场景。下图为你总结了本项目的主要内容，供你回顾整个项目，总结项目学习成果。

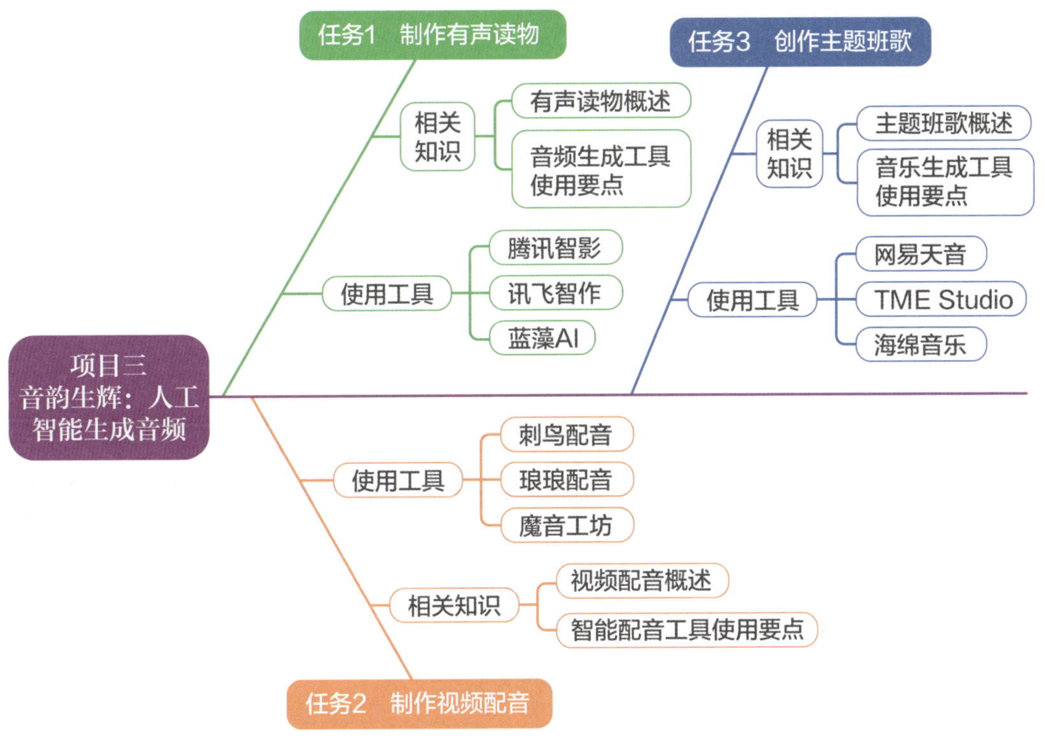

拓展探究

音色克隆

音色克隆是借助人工智能技术，对特定声音特征进行精准模拟的一种方法。其核心原理在于利用深度学习模型深入分析目标音色的频率、时长、动态范围、谐波结构等关键特性，并据此生成与之高度相似的音频信号。

一、音色克隆的实现步骤

1. 数据采集与预处理

首先，广泛采集包含目标音色的音频数据，这些数据类型多样，如歌手的演唱片段、演讲者的讲话录音或乐器的演奏音频等。为确保模型训练效果，需注重数据的质量与多样性。其次，对采集到的音频数据进行预处理，包括去除噪声、音量归一化等，以提升数据质量，确保数据一致性，为模型训练奠定基础。

2. 模型选取与训练

从众多深度学习模型中，挑选出适合音色克隆任务的模型。将预处理后的音频数据输入选定模型，进行训练。在训练过程中，模型不断学习目标音色的特征，并调整自身参数，以提高克隆的准确性。

3. 音色克隆操作

模型训练完成后，输入需要进行音色克隆的音频。模型根据所学目标音色特征，处理输入音频，生成具有目标音色的输出音频。根据具体应用需求，可对输出音频进行进一步调整与优化，如调整音量、添加特殊效果等。

4. 评估与优化

采用客观评估指标，对克隆质量进行量化衡量。根据评估结果，对模型进行进一步改进与优化。具体可调整模型结构、增加训练数据数量、优化训练参数等，以提高音色克隆的准确性与质量。

二、音色克隆的常见应用领域

1. 音乐制作领域

（1）歌手可利用音色克隆技术，模仿其他歌手的演唱风格，创作出独具特色的音乐作品。

（2）音乐制作人可利用音色克隆技术，合成各类乐器的声音，节省录音成本与时间。

2. 语音合成领域

（1）语音合成系统可利用音色克隆技术，生成具有特定人物音色的语音。例如，智能语音助手可采用特定的声音回答问题，提供个性化服务。

（2）在电影、动画等领域，音色克隆技术可用于为角色配音。例如，在取得对方授权后使用某位演员的声音为虚拟角色配音，增强角色的吸引力与可信度。

3. 教育培训领域

（1）语言学习软件可利用音色克隆技术，为学习者营造更真实的语言学习环境。例如，学习者可听到标准发音的母语者声音，并模仿其发音与语调。

（2）在线教育平台可借助音色克隆技术，为学生提供个性化教学服务。例如，教师可采用学生喜爱的声音讲解课程内容，提高学生的学习兴趣与积极性。

课后练习

1. 使用音频类 AIGC 工具时，为什么要多次生成与比较？
2. 进行视频配音工作前，“充分理解原视频”这一动作包括哪些具体内容？
3. 简述主题班歌的主要作用。
4. 音频类 AIGC 工具还有哪些应用场景？
5. 选择一首你最喜欢的古诗词，以其诗句或词句为基础进行歌词创作，并使用音频类 AIGC 工具生成一首完整的歌曲。

项目四

妙手丹青：人工智能生成图像

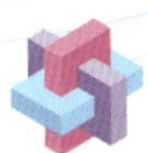

项目导读

图像类 AIGC 工具正在引领视觉创作领域掀起一场革命性的浪潮。这些工具以其强大的图像生成能力和创意潜力，为视觉设计师们打开了全新的创作天地，让图像创作过程变得更加智能与高效。无论是精细的图像合成，还是创新的构图设计，图像类 AIGC 工具都能很好地完成设计任务，为作品注入独特的艺术魅力。

本项目将带你探索人工智能图像生成的奥秘，通过“智能修图”“设计海报”2 个实践任务，你将学会如何运用这些工具，将你的创意和想象转化为令人惊叹、富有感染力的视觉佳作，开启一段充满创意的图像生成之旅。

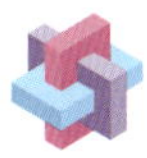

学习目标

1. 了解色彩、分辨率、文件格式等图像基本知识。

2. 了解常用的智能修图工具及其特点，掌握图片处理的基本技能，能使用智能修图工具对图片进行美化处理。

3. 了解常用的图像生成工具及其特点，理解其相关参数的具体含义，能够根据需要调整参数以生成符合要求的图像。

4. 提升图像审美能力和创意构思能力，能够独立完成具有一定艺术美感和创意价值的图像生成任务。

任务 1　智能修图

任务描述

一、任务情境

课本中的中国，是一幅跨越千山万水、穿越时空的壮丽地理画卷，蕴含着丰富的历史文化和自然景观。为了让同学们更加直观地感受课本中描述的美丽中国，增强对祖国的热爱之情，班级准备举办一场以“课本中的美丽中国”为主题的图片展活动。班主任动员同学们向亲朋好友多方征集图片。在图片征集过程中，同学们发现图片质量参差不齐，绝大部分图片都比较模糊，无法直接在图片展上使用。另外，图片的风格也比较单调。为了确保图片展的效果，老师建议大家尝试使用智能修图工具对图片进行处理和优化。

二、任务要求

1. 搜集我国各地的人文和自然景观图片，要求这些图片具备一定美感，能够体现出艺术性。

2. 使用智能修图工具对画质不理想的图片进行修复处理。同时，根据图片的具体内容，对图片进行不同的风格化处理，以丰富图片的风格类型。

3. 将处理后的图片保存为兼容性强的图片文件格式，并合理设置图片的大小，确保大多数图片查看软件都能正常打开和查看。

三、任务资料

自备。

任务目标

1. 能自主搜集并整理以“美丽中国”为主题的图片素材，提升对图片的筛选能力。

2. 能主动探索并运用各种智能修图工具，分析各工具的功能特点与优势，并根据图像修复与优化的实际需求选择最合适的工具。

3. 能运用所选择的智能修图工具对图像进行精细修图，并输出符合高质量打印和大型展示要求的图像文件。

相关知识

一、图像基础知识

（一）色彩

色彩是图像处理和智能修图的基础，涵盖颜色的基本属性和颜色空间等概念。

1. 颜色的基本属性

（1）色相。色相是颜色的基本特征，它描述了颜色的种类，如红色、蓝色、绿色等。色相的变化带来了色彩的多样性。

（2）饱和度。饱和度也称为颜色的纯度或强度，它反映了颜色中灰色成分的比例。饱和度越高，颜色越鲜艳；饱和度越低，颜色越接近灰色。

（3）明度。明度是颜色的明暗程度，它决定了颜色的明亮或暗淡。明度的调整可以影响图像的整体氛围和视觉效果。

2. 颜色空间

颜色空间也称为色彩模型或色彩系统，是一种用于描述和定义颜色的方法。它通过一组参数或坐标来表示颜色，使得颜色可以在数字设备上被精确地表示和再现。RGB 颜色空间基于红（Red）、绿（Green）、蓝（Blue）3 种基本颜色，常用于显示设备；CMYK 颜色空间基于青色（Cyan）、品红色（Magenta）、黄色（Yellow）和黑色（Black），常用于印刷。

拓展阅读

颜色的“温度”

我们生活在一个五彩斑斓的世界里，颜色无处不在。颜色不仅仅是视觉上的呈现，还带有一种特殊的心理属性——温度。这种温度并非实际的物理温度，而是颜色给人带来的心理感受。

从视觉原理看，颜色的冷暖感与光波长短紧密相关。长波颜色，如红、橙，给人温暖感，被称为暖色调；短波颜色，如蓝、青，则带来凉爽甚至寒冷感，被称为冷色调。这种感受可能源于人类早期的生活经验：红色常与火焰、太阳相关，代表温暖与能量；蓝色则多与天空、冰雪相关，给人清冷的感觉。久而久之，这种视觉与温度的关联在人们心中形成了固定认知。

在日常生活中，颜色的温度被广泛应用。在室内装修时，若想打造温馨的卧室氛围，可选择暖色调，如暖黄灯光、橙色床品等；而办公室或书房则更适合冷色调，如淡蓝墙面、深蓝窗帘，有助于营造安静、专注的氛围。在服装设计上，夏季服装采用冷色，可以给人带来清凉感；冬季服装用暖色，则让人感觉温暖。在广告设计中，也常巧妙运用颜色温度传达信息，如热饮广告用红色主色调激发购买欲，冷饮广告则用蓝色调给人冰爽感。

了解颜色的“温度”，能让我们更深入地认识颜色的魅力，并在不同领域巧妙运用颜色，创造出更符合人们心理需求的视觉效果。

（二）分辨率

分辨率是衡量图像或显示设备清晰度和细节程度的关键指标，分为图像分辨率和显示分辨率两种。

1. 图像分辨率

图像分辨率是指图像中每英寸所包含的像素数量（DPI，dots per inch）或者图像中像素的总数（通常以图像的宽度和高度来表示，如 1 920 × 1 080）。它直接反映了图像的清晰度和细节程度。高分辨率的图像在放大时能够保持更多的细节和清晰度。

在智能修图中，提高图像分辨率是一个重要的环节。通过智能算法，可以对图像进行增强，从而提高图像的分辨率和细节表现。智能修图软件中的重采样等功能可以在一定程度上提高图像的分辨率，使其更加清晰、细腻。

2. 显示分辨率

显示分辨率是指显示设备（如显示器、电视等）所能呈现的像素数量，通常以屏幕的宽度和高度来表示。显示分辨率决定了显示设备上图像的清晰度和可视面积。高分辨率的显示设备能够呈现更多的细节和更清晰的图像。

虽然显示分辨率本身与智能修图没有直接关系，但了解显示设备的分辨率对于智能修图后的图像展示至关重要。在智能修图过程中，需要考虑目标显示设备的分辨率，以确保修图后的图像能够在该设备上呈现出最佳的视觉效果。例如，如果目标显示设备是高清电视或高分辨率显示器，那么修图时就需要确保图像的分辨率与之相匹配。

（三）图像文件格式

图像文件格式在图像的存储、压缩和色彩深度的支持方面起着决定性作用。常见的图像文件格式有 JPEG、PNG 和 TIFF 等，它们各自具有不同的特点和适用场景。

1. JPEG 格式

JPEG 是一种有损压缩格式，特别适用于存储照片。它能够在保持较高图像质量的同时，提供出色的压缩率，从而减小文件大小，便于存储和传输。然而，由于 JPEG 采用有损压缩，多次编辑后可能会逐渐损失图像质量。因此，在智能修图中，如果图像需要经历多次编辑或调整，建议在最终保存为 JPEG 格式之前，先保留一个高质量的原始文件或中间版本。

2. PNG 格式

PNG 格式是一种无损压缩格式，因其内置了 Alpha 通道（记录透明度信息的特殊图层），可以支持透明背景。这使得 PNG 格式非常适合需要透明背景或高质量图像的场景，如网页设计、图标制作等。由于 PNG 采用无损压缩，它适合多次编辑和保存，而不会损失图像质量。

3. TIFF 格式

TIFF 格式是一种高质量的图像格式，广泛应用于专业图像处理领域。它支持无损压缩、图层和多种色彩深度，能够保留丰富的图像细节和色彩信息。因此，TIFF 格式非常适合需要高质量输出的项目，如专业摄影、印刷等。

二、图像处理的基本技能

在智能修图中，掌握裁剪、旋转、缩放、调整亮度和对比度等基本图像处理技能至关重要。这些技能能够优化图像构图、提升视觉效果，并提高图像质量。以下介绍抠图、裁剪、旋转、缩放、调整亮度和对比度等基本技能。

（一）抠图

抠图是图像处理中的一项重要技能，是指将图像中的特定对象或区域从其原始背景中精确地分离出来，以便单独进行处理、编辑、合成或应用其他效果。通过使用各种算法和工具，可以识别并提取出目标对象的轮廓和细节，实现对象与背景的分离。

（二）裁剪

裁剪主要用于去除图像中不需要的部分，以实现优化构图并聚焦主题的目的。通过裁剪操作，可以调整图像的视角，去除干扰元素，或改变图像的宽高比。

（三）旋转

旋转技巧可用于调整图像的倾斜角度，使图像达到水平或垂直对齐的状态，或营造特定的艺术效果。

（四）缩放

缩放技巧用于调整图像的大小，以满足不同的显示或者打印需求。

（五）调整亮度和对比度

调整亮度和对比度是改善图像视觉效果的重要方式。亮度决定图像整体的明暗程度，对比度决定图像中明暗部分之间的差异程度。通过合理调整亮度，可以使图像整体变亮或者变暗；通过调整对比度，可以增强或者减弱图像中亮部与暗部之间的对比关系，从而突出图像的细节或者营造特定的视觉氛围。

（六）其他技能

除了上述技能外，在智能修图中还可能涉及以下图像处理技能，见表 4–1–1。

表 4–1–1　图像处理的其他技能

序号	技能	说明
1	锐化	用于增强图像的轮廓和细节，使其更加清晰
2	降噪	用于降低图像中的噪点和杂点，提高图像的纯净度和清晰度
3	色彩校正	用于调整图像的色彩平衡和饱和度，以实现某种颜色效果
4	图层管理	在高级图像处理软件中，通过图层管理，可以创建、编辑和管理多个图层，从而实现对图像的复杂处理

你是否掌握一些基本的图像处理技能？你是如何学会这些技能的？

三、智能修图及其技术

智能修图是利用人工智能技术，对图像进行自动化或半自动化的优化处理，以提高图像的质量和艺术表现力的过程。

（一）智能修图的原则

1. 自然性原则

在智能修图过程中，保持图像的自然感是至关重要的。过度修图会让图像失真，失去原本的真实感。例如，过度磨皮会使人物皮肤产生塑料质感，过度锐化会使图像边缘不自然等。这种不自然的图像会影响受众对图像内容的信任度，也不符合高质量图像的要求。因此，在修图时要适度，确保提升图像效果的同时，不破坏其自然属性。

2. 细节保留原则

图像的细节和清晰度是其价值的重要体现。无论是建筑摄影中的纹理、人像摄影中的发丝，还是自然摄影中的动植物细微特征，都承载着丰富的信息。在进行修图操作，如调整亮度、对比度或进行降噪处理时，要采用合适的方法和参数，避免模糊或丢失细节。

3. 人机协作原则

智能修图工具的自动化功能为用户提供了便捷的修图体验，能够快速地对图像进行初步优化，如自动调整色彩平衡、曝光等。然而，每幅图像都有其独特性，自动化功能可能无法完全满足所有需求。这时，就需要用户根据图像的具体特点和自己的创作意图进行手动调整，实现人机协作。

（二）常见的智能修图技术

1. 图像分割

图像分割是指将图像划分为若干具有特定意义的区域或对象的过程，这些区域或对象可以是图像中的不同物体、背景或前景。在平面设计中，图像分割常用于分离图像中的不同元素，以便对其进行单独处理或编辑。

传统上，图像分割主要依赖手动操作，如最常见的“抠图”手段，设计师需使用图像编辑软件中的一系列工具进行手动操作，既费时费力，又难以保证精度。随着人工智能技术的发展，基于深度学习的图像分割算法能够自动识别和分割图像中的区域或对象，显著提高了分割的准确性和效率，实现了“一键抠图”。

2. 图像修复

图像修复是指对受损或存在缺陷的图像进行修补，以恢复其原始状态或使其更符合设计要求。在平面设计中，图像修复常用于修复老照片、去除图像中的不需要元素或填补图像中的空白区域。

过去，受损图像的修复工作困难且复杂，主要依赖设计师的经验和手工绘制，对于复杂的破损或缺失区域，处理效果有限。如今，人工智能工具能够根据图像的上下文信息自动生成合理的修复内容，使修复后的图像更加自然和真实。

3. 图像增强

图像增强是通过一系列技术手段对图像的质量和视觉效果进行改善和提升的过程，旨在突出图像中的有用信息，抑制或消除无关的或干扰的信息，增强图像的对比度、清晰度、色彩饱和度等，使图像更易于观察、理解和分析。

传统的图像增强方法较为简单直接，常见的方法是“锐化”，但可能会导致细节丢失，且增强效果有限。现在的人工智能工具能够根据图像的内容和特征自适应地进行增强，在保持图像自然性的同时，更好地突出重点和改善视觉效果。

4. 图像融合

图像融合是将多幅图像合成为一幅图像的过程，旨在保留各自图像优势的基础上，生成信息更丰富、质量更高的图像。在平面设计中，图像融合技术广泛应用于多层次图像合成、全景图像制作等场景。

随着人工智能技术的发展，使得一系列工具能够自动分析图像的特征和内容，对图像的主体、背景、光影等元素进行更加精准和自然的融合，这几乎是人工操作无法完成的任务。

5. 风格迁移

风格迁移是一种将一幅图像的艺术风格（如笔触、色彩和纹理）应用到另一幅图像上，从而生成具有特定艺术风格的新图像的技术，广泛应用于平面设计、数字艺术创作和广告设计中，可以帮助设计师快速实现风格化创作。

在传统的工作模式下，实现风格迁移需要设计师具备深厚的艺术功底和图像处理技能，操作过程复杂且往往难以达到理想效果。当前，借助一系列图像处理模型，可以轻松实现各种风格的迁移，大大拓展了创意的空间。

6. 人像美化

人像美化是针对人物图像进行优化处理，以提升人物的外貌美感和吸引力的技术手段。在平面设计领域，人像美化涵盖了对人物肤色的改善、五官的微调、发型的修饰，以及身材比例的优化等方面。通过运用各种工具和算法，可以使人像在视觉上呈现出更加完美的效果，如皮肤平滑处理以消除瑕疵和皱纹，增强眼部和唇部以突出神采，身材塑形使其更加匀称等。

过去，人像美化主要依靠手动操作，对设计师的技巧和经验要求很高，且难以做到批量处理和精细调整。现在，一系列人工智能工具能够自动识别人像特征，并根据预设的参数进行快速而精准的美化，大大提高了工作效率和效果的一致性。

四、常用智能修图工具

常用的智能修图工具有很多，以下介绍 3 款典型工具。

（一）360 智图

360 智图是一款集智能裁剪、智能去水印、智能美化等功能于一体的图像处理工具。它支持批量处理图像，用户可以在线进行去水印、去文字、去除指定区域等操作。

此外，该工具还提供了一键放大图片而不失真、智能修复模糊图片、黑白照片一键上色、证件照在线制作等实用功能，以及多种滤镜和特效供用户选择。360 智图主界面如图 4-1-1 所示。

图 4-1-1 360 智图主界面

360 智图的主界面设计简洁明了，用户只需单击“打开图片”按钮，即可批量导入图像，并进行压缩、格式转换、色彩调整等一系列高效的处理操作。此外，其内置的智能分析功能还能帮助用户快速识别图像中的问题并提出优化建议。

（二）稿定

稿定具有人工智能绘画和图片处理能力，可以根据用户的指令自动对图像进行裁剪、调整色彩、添加滤镜等操作，还支持一键生成多种风格的图像，为修图提供了丰富的创意空间。稿定主界面如图 4-1-2 所示。

图 4-1-2 稿定主界面

单击“创建设计”按钮，输入图像尺寸，即可进入稿定工作区，如图 4–1–3 所示。

图 4-1-3　稿定工作区

（三）腾讯元宝

腾讯元宝是一款多模态 AIGC 工具，可以理解用户输入的文字、语音、按键操作等指令并执行任务。单击腾讯元宝网页版主页面左侧的“全部应用”按钮，即可在主页面上发现“灵感图库”功能，如图 4–1–4 所示。单击图标，进入“灵感图库”功能界面后，可以看到“灵感图库”所集成的“变清晰”“去水印”“扩图”“局部消除”“风格转换”等功能，如图 4–1–5 所示。

图 4-1-4　“灵感图库”入口

图 4-1-5　“灵感图库”功能界面

你还知道哪些智能修图工具？你觉得这类工具的哪些功能是最为常用的？

五、智能修图工具的使用要点

（一）进行图像预处理

在使用修图工具时，图像预处理是一个关键的起始步骤，对后续的修图效果和效率有着根本性影响。图像预处理涵盖多个重要方面，其中尺寸调整和格式调整是两个不可或缺的环节。

1. 尺寸调整

图像的尺寸大小对后续处理的效率与效果有着直接且显著的影响。

（1）当图像尺寸过大时，会引发一系列问题。从处理效率角度看，庞大的数据量会大大增加处理时间，对于需要处理大量图像或对时间要求紧迫的任务而言，是极为不利的。同时，这也会消耗更多的计算资源，可能导致计算机系统在处理过程中出现卡顿甚至崩溃的现象。

从处理效果方面考量，过大的图像尺寸可能使工具在处理细节时力不从心，难以做到精细处理，从而影响最终的修图质量。例如，在进行需要对图像局部细节进行精准修复或增强的操作时，过大的尺寸可能会使工具无法准确识别和处理微小的瑕疵或特征。

（2）若图像尺寸过小，同样会带来诸多不利影响。尺寸过小意味着图像包含的信息有限，可能会丢失许多重要的细节信息。这些细节信息在修图过程中可能是至关重要的。例如，在对一幅历史文物的照片进行修图时，文物表面的微小纹理或标记可能会因为尺寸过小而丢失，进而影响最终的修图质量，无法准确还原文物的真实面貌。

因此，根据具体的使用场景和输出要求，合理调整图像尺寸是非常必要的。例如，在仅用于网络展示的情况下，如社交媒体平台、网页图片展示等场景，图像不需要过高的分辨率，可适当缩小尺寸。这样做不仅能加快处理速度，使修图过程更加高效，还能减小文件大小，便于在网络环境中传输和加载。而如果是用于印刷或高精度输出，如制作大幅海报、高质量画册等，就需要保持较大的尺寸，以确保图像中的细节清晰可辨，避免出现印刷后图像模糊、细节丢失的情况。

2. 格式调整

不同的图像格式具有各自独特的特点，并适用于不同的场景。常见的图像格式如JPEG、PNG、TIFF等，在多个方面存在明显差异。

在使用 AIGC 工具之前，将图像转换为工具支持且适合处理的格式是关键的一步。如果图像格式与工具不兼容，可能会导致工具无法准确读取图像数据，进而无法进行正常的修图操作。即使工具能够勉强读取，也可能因格式不匹配而出现处理错误或无法达到理想修图效果的情况。

（二）避免过度依赖

1. 理解生成式人工智能的能力边界

尽管生成式人工智能在修图领域展现出了强大的功能，但它并非无所不能，其能力存在一定的局限性。这种局限性源于其技术原理，即基于训练数据和算法模型来生成结果。这意味着它的处理能力受到训练数据范围和算法模型复杂度的限制。

对于一些非常独特、复杂或超出常见模式的修图需求，生成式人工智能可能难以提供令人满意的解决方案。例如，在处理具有强烈个人艺术风格的修图任务时，这种艺术风格可能是某个艺术家独有的创作风格，与人工智能训练数据中的常见风格存在较大差异，人工智能可能无法准确捕捉这种独特风格的精髓并将其融入修图结果中。同样，对于那些需要极高创意的修图任务，人工智能可能由于缺乏足够的创意生成能力而无法完全实现创作者的意图。

因此，作为使用者，必须清楚了解生成式人工智能的能力范围，避免盲目期望它能够解决所有修图问题。只有在充分认识其能力边界的基础上，才能合理地运用这一工具，在其能力范围内发挥最大的作用。

2. 培养人机协同意识

在修图过程中，培养人机协同的意识至关重要。这种协同能够充分发挥人类的创意和判断力与人工智能工具的高效处理能力相结合的优势。

人在修图过程中具有不可替代的作用。凭借自身的审美能力，人能够敏锐地感知图像的美感所在，并根据自己的审美标准提出独特的修图想法和方向。例如，在对一幅风景照片进行修图时，人可以根据自己对自然美的理解，决定是强调天空的湛蓝、突出山脉的雄伟，还是营造一种宁静祥和的氛围。同时，人的判断力也在修图过程中发挥着关键作用，能够根据具体的修图目的和要求，判断哪些部分需要重点处理，哪些部分需要保留原始状态。

人工智能工具的优势是具有高效的处理能力。它可以快速执行一些重复性、规律性的操作，如基本的色彩校正、对比度调整等。这些操作对于人工智能来说是基于算法和数据的快速处理过程。此外，人工智能工具还能够提供一些基于数据和算法的参考建议，如根据图像的色彩分布和对比度情况，建议合适的调整参数。这些建议都可以为人的修图决策提供有益的参考。

通过人机协同，能够创造出更具个性和高质量的修图作品。这种协同模式不仅能够充分发挥各自的优势，还能够弥补彼此的不足，使修图工作更加高效、精准且富有创意。

任务实施

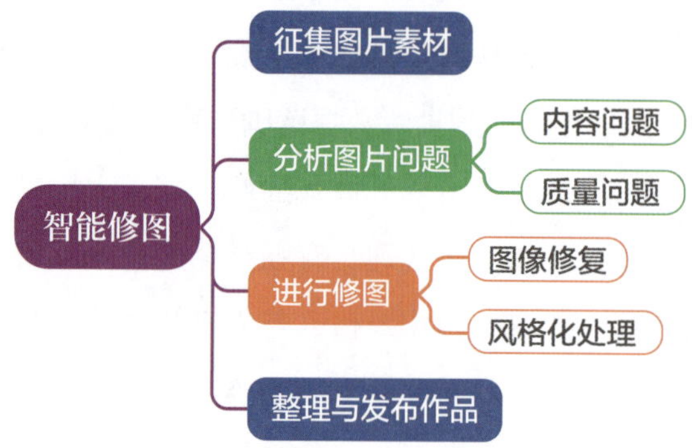

一、征集图片素材

明确告知亲朋好友此次征集图片的主题和要求，请他们提供来自不同地域、不同季节我国的自然风光、人文景观、城市风貌和民俗文化等多元特色的图片，这些图片应能够生动展现“美丽中国”这一主题。同时，确保所提供图片为原创或拥有使用权。征集完成后，对图片进行初步筛选和整理，剔除重复、模糊或不符合主题的图片，为后续的分析和修图工作打下基础。

二、分析图片问题

（一）内容问题

在征集到的图片中，可能会存在内容与主题不相关或图片不完整的情况，需要我们进行细致地甄别和处理。例如，对于自然景观的图片，可能未能全面呈现景观的独特风貌。一幅描绘黄山的图片如果仅拍摄了局部的山峰，而忽略了黄山的云海、奇松等标志性景观，那么观众就无法完整领略黄山的独特与壮美。针对这类内容存在问题的图片，我们需要重新筛选，选择更能准确、全面体现主题的图片。

（二）质量问题

征集到的图片还可能存在多种质量问题，这些问题会影响图片在展示中的效果。

有的图片可能由于拍摄设备性能有限或保存方式不当，导致画面模糊、细节丢失；有的图片可能存在色彩失真问题，颜色要么过于暗淡，要么过于鲜艳；有的图片分辨率过低或尺寸过小，无法满足展示需求。低分辨率的图片在放大后会出现锯齿状边缘或马赛克现象，严重影响观看体验；尺寸过小的图片在展示时可能无法清晰展示细节内容，尤其是在较大的展示屏幕或印刷品上，这种问题会更加凸显。

对于这些质量不佳的图片，我们需要使用智能修图工具进行处理和优化，以提高图片质量，使其更好地满足展示要求。

三、进行修图

（一）图像修复

以下使用 360 智图进行图像修复。

打开 360 智图，单击“AI 图片编辑”，如图 4–1–6 所示，即进入图片编辑工作区，如图 4–1–7 所示。

图 4–1–6　AI 图片编辑

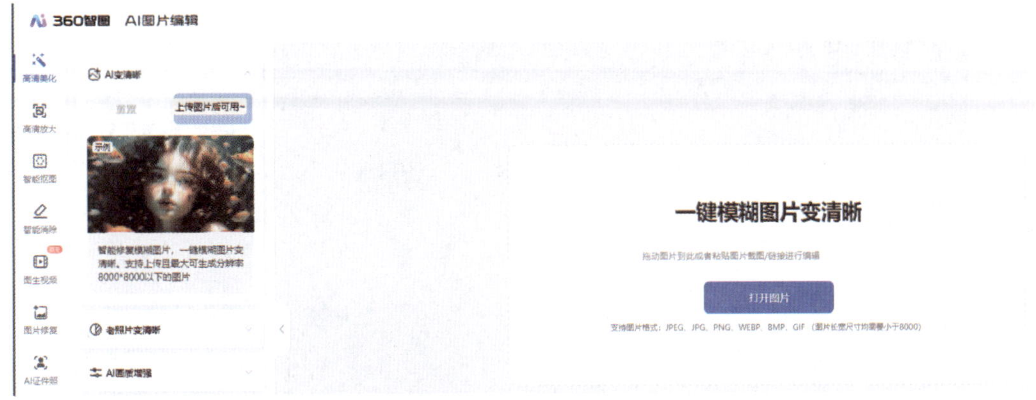

图 4–1–7　图片编辑工作区

在图片编辑工作区左侧，展示了一系列具体的智能修图功能，选择第一个“高清美化”功能下面的“AI变清晰”，在页面右侧上传需要进行修复的图片，单击“开始变清晰”按钮，等待片刻，即可得到被高清修复后的图片，如图4–1–8所示。

图4–1–8 AI变清晰

当系统运行完成后，会展示“AI变清晰”的效果，若对效果满意，单击页面右上角的“一键复制”或“立即下载”按钮，即可对图片进行保存。

（二）风格化处理

为了让图片展现出多样的风格，可对征集的图片进行风格化处理。以下使用腾讯元宝，演示风格化处理的过程。

打开腾讯元宝网页端，进入“灵感图库”主界面，单击“风格转换”按钮，进入图片编辑区，如图4–1–9所示。

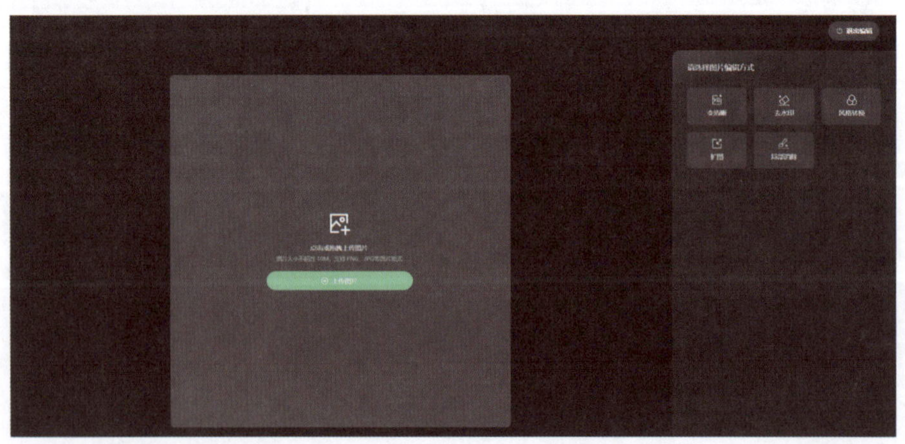

图4–1–9 “灵感图库”编辑区

进入编辑区后，可在左侧上传图片，接着单击页面右侧的“风格转换”按钮，选择需要转换的风格，再单击页面右下角的“立即生成”按钮，稍等片刻，即可得到风格转换结果，如图 4–1–10 所示。

图 4–1–10　风格转换

得到风格化处理的结果后，可在页面下方单击“对比模式”，将经过风格化处理后的图片与原图进行对比，若对风格化处理结果满意，则可单击页面下方的“下载”按钮，将图片保存到本地，如图 4–1–11 所示。

图 4–1–11　对比及下载

四、整理与发布作品

将征集到的所有图片依次使用智能修图工具进行处理后，可对所有图片作品进行整理与分类，按照图片展活动的要求，对处理后的图片进行发布与展示。

任务2 设计海报

任务描述

一、任务情境

春节是我国民间最隆重最富有特色的传统节日之一，2024年12月4日被收入联合国教科文组织人类非物质文化遗产代表作名录。随着春节的临近，你所在的社区为了营造浓厚的节日氛围，特委托你设计一张既富含传统文化元素又兼具现代设计感的春节节日海报。凭借在学校期间所学的人工智能相关知识，你决定利用人工智能生图工具，运用文生图、图生图等方式，设计这幅春节节日海报。

二、任务要求

1. 使用图像生成工具创作一幅春节节日海报，营造浓厚、喜庆的节日氛围。

2. 要求生成的海报画质清晰、细节丰富、内容切题，文件格式为JPEG或PNG，以保证其具有广泛的兼容性并易于传播。

3. 海报中要融入烟花、福字等具有代表性的春节元素，充分展现我国传统文化。同时，要注重海报的整体设计感，确保符合大众审美要求，具有一定吸引力。

三、任务资料

自备。

任务目标

1. 能自主搜集并整理关于春节节日主题的图像素材、文字内容和色彩搭配方案，提升资料搜集与整理能力。

2. 能主动探索并运用各种图像生成工具，分析各工具在设计效率、创意表现和操作便捷性等方面的功能特点与优势，并根据海报设计需求选择最合适的工具。

3. 能结合春节主题元素、传统文化符号和现代审美趋势，设计出具有创新性和吸引力的春节节日海报，并输出符合印刷和线上传播要求的图像文件。

4. 在设计过程中能够注重细节处理，确保海报的文字内容准确无误，图像清晰度高，色彩搭配和谐，整体视觉效果突出，且有效传达春节的节日氛围和祝福寓意。

相关知识

一、海报概述

（一）海报的概念

海报作为一种典型的平面广告形式，具有直观性和视觉冲击力强的特点。它通过平面的展示方式，将各种信息快速且有效地传达给目标受众。通过对图像的选择与设计、文字内容的撰写与排版，以及色彩的巧妙运用，海报能够精准地传达出特定的主题思想、独特的氛围感受，以及具体的活动信息。

（二）优秀海报的标准

1. 主题明确

海报应将其宣传的主题鲜明地突显出来。这意味着从海报的整体设计风格到每一个细节元素，都要紧密围绕主题展开。

例如，若是一场环保主题的公益活动海报，画面可能会以荒芜的沙漠、干涸的河流等具有冲击力的图像为主，文字也会聚焦于环保的紧迫性和重要性，色彩或许会选用代表自然的绿色系并加以暗沉色调的对比来强调现状的严峻。这样人们在看到海报的第一眼，就能迅速且准确地识别其核心信息，明确知晓这场活动的主旨。

2. 色彩搭配和谐

色彩是海报不可或缺且至关重要的构成部分。色彩搭配是否得当，直接影响海报所传达的情感氛围，以及给观众带来的视觉感受。要实现色彩搭配的和谐，需要充分考虑主题的特性。

例如，对于婚礼的海报，可能会选择温馨柔和的粉色系与优雅的白色系相结合，营造出甜蜜浪漫的氛围；对于体育赛事的海报，鲜艳浓烈的红色、橙色等暖色系或许会成为主色调，同时搭配简洁有力的线条和动感的图像，以激发观众的热情与活力。同时，色彩的对比度、饱和度等因素也需要精心把控，确保整体色彩既富有层次感又和谐统一。

3. 构图合理

构图在海报的视觉效果呈现方面起着重要作用。在设计海报时，应严格遵循诸如对称构图、三分法构图、黄金分割构图等构图方法，合理布局图像、文字等元素，使它们在画面中相互呼应、相得益彰。

例如，采用对称构图可以营造出庄重、稳定的感觉，适合用于正式的商务活动海报；三分法构图能将画面分为九个区域，把重要元素放置在四个交叉点上，能有效吸引观众视线，常用于各类宣传海报。遵循这些构图方法设计的海报不仅具备高度的美观性，更能使信息以一种自然流畅的方式传达给观众。

4. 信息清晰

海报作为信息的传播载体，必须包含清晰、准确的信息。除了活动名称、时间、地点等关键细节外，根据活动或宣传内容的具体情况，还可能需要补充一些必要的信息，如活动的参与方式、门票价格、联系方式等。这些信息的字体大小、颜色对比和排版位置都需要精心设计，确保在整个海报画面中清晰可辨。

例如，活动名称可以使用较大字号、醒目的字体，突出显示在海报上的显眼位置；时间、地点等信息则可以采用适中的字号，排列在名称下方。这样，观众就能一目了然地获取关键信息，从而顺利了解并参与相关活动。

知识链接

浅识平面设计

平面设计是在二维平面空间上进行的设计活动。它借助文字、图像、色彩等视觉元素，通过创意性的组合与编排，来传达特定信息、理念或情感，以达成吸引受众注意力、引导消费行为、传播文化知识等目的。平面设计主要包括以下几种常见类型。

1. 广告设计

广告设计是平面设计中极为常见且重要的类型，旨在通过创意性的视觉呈现，向目标受众推广产品、服务或观念，激发购买欲望或行动。设计过程中需精准把握产品或服务的核心卖点，结合目标受众的特点与喜好，运用恰当的视觉元素。

2. 包装设计

包装设计围绕产品包装展开，既考虑外观的美观性，又注重实用性和功能性。需从保护产品、方便运输储存和吸引消费者购买等多个角度进行设计。

3. 书籍装帧设计

书籍装帧设计涵盖封面、封底、书脊及内页排版等全方位设计。良好的装帧设计不仅能够美化书籍外观，更是对书籍内容的视觉诠释，可以帮助读者更好地理解书籍主题和内容。

4. UI 设计

UI 设计即用户界面设计，其伴随互联网和移动设备的普及而愈发重要。它专注于设计软件、网站、移动应用等产品的用户界面，旨在为用户提供便捷、舒适且美观的交互体验。

5. 插画设计

插画设计是通过手绘或软件绘制的具有艺术性和表现力的图像设计类型，常用于传达特定故事、情感或信息，在广告、出版、包装、互联网等多个领域有着广泛应用。

二、图像生成基础知识

人工智能图像生成是指利用人工智能技术，特别是深度学习和机器学习，通过训练特定的模型来生成或修改图像的过程。这些技术能够捕捉图像数据的复杂特征，并根据这些特征生成新的、具有相似或特定风格的图像。这一过程通常涉及大量的数据输入、模型训练和优化，以确保生成的图像既符合用户的期望，又保持高质量和真实性。

按照生成方式的不同，人工智能图像生成可分为文生图与图生图两大类。

（一）文生图

文生图是基于先进的自然语言处理与图像生成技术，依据给定的文本描述，通过对自然语言进行深度的语义解析，精准提取其中关键的主题、风格、情感等信息，并将这些语义信息与图像生成模型中的图像元素进行细致的映射，从而生成与之高度匹配的图像的过程。

文生图在众多领域展现出了强大的应用价值。在广告创意领域，它能够帮助广告策划团队快速将创意概念转化为可视化的广告图像，根据产品特点、目标受众和宣传主题，生成极具吸引力和独特性的广告画面，大幅提升广告制作效率；在社交媒体内容生成方面，用户可以轻松利用这一技术，根据自己的文案内容生成与之搭配的个性化配图，增加内容的趣味性和吸引力，提高社交媒体账号的关注度；在游戏设计领域，游戏开发者可以通过输入详细的场景描述，如奇幻的魔法森林、神秘的古代城堡等，快速生成相应的游戏场景原型，为游戏美术设计提供丰富的创意灵感和基础素材，加速游戏开发进程。此外，在影视制作前期的概念设计、图书插画创作等领域，文生图也发挥着重要作用。

（二）图生图

图生图是借助先进的图像处理算法和深度学习模型，对已有的图像进行一系列复杂处理，从而生成具有不同风格或特性的新图像的过程。在实际应用过程中，使用图生图时一般还需要文字进行辅助。

在艺术创作领域，图生图技术为艺术家提供了全新的创作手段。艺术家可以利用风格转换功能，将传统的摄影作品转化为具有独特艺术风格的作品，如将写实照片转化为印象派、抽象派等风格的艺术画作，拓宽艺术创作的边界。在图像修复方面，通过细节增强和超分辨率技术，可对受损、模糊的老照片进行修复和还原，使珍贵的历史影像重焕生机。此外，在工业检测、安防监控等领域，图生图技术也能通过对图像的处理，提升图像质量，辅助相关工作的开展。

三、常用图像生成工具

在上一任务中，我们介绍了一些智能修图工具，下面介绍 3 种在图像生成领域常用的工具。

（一）文心一格

文心一格是一款依托人工智能技术的图像生成工具，具备文生图、图生图等多种功能，展现出高度的灵活性与创意空间。用户可以通过简洁直观的操作界面，轻松探索并创造出独一无二的图像作品，其主界面如图 4-2-1 所示。

图 4-2-1　文心一格主界面

单击主界面的“立即创作”按钮，即可进入图像创作工作区，如图 4–2–2 所示。无论是从文字描述中汲取灵感生成图像，还是对已有图像进行再创作，文心一格都能提供丰富的选项和细致的调整空间。

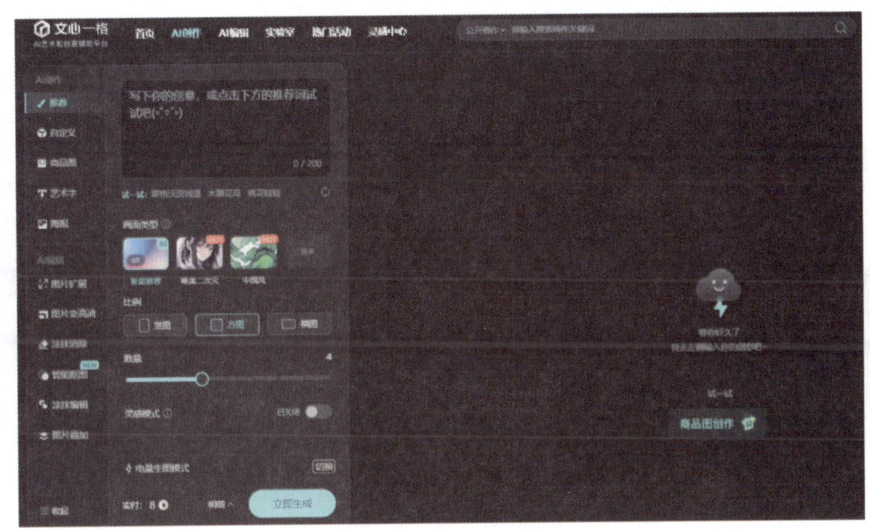

图 4–2–2　图像创作工作区

（二）360 智图

除了上一任务中介绍的智能修图功能，360 智图还可以完成图像生成工作。它是一款专为设计师打造的图像处理与优化智能工具，集成了图像批量处理、优化和分析等多种功能，旨在大幅提升设计工作的效率与质量。

（三）可灵 AI

可灵 AI 是一款专注于图像生成与处理的人工智能工具，配备丰富的图像生成算法和模型，能够灵活应对各种复杂场景下的图像需求，其主界面如图 4–2–3 所示。

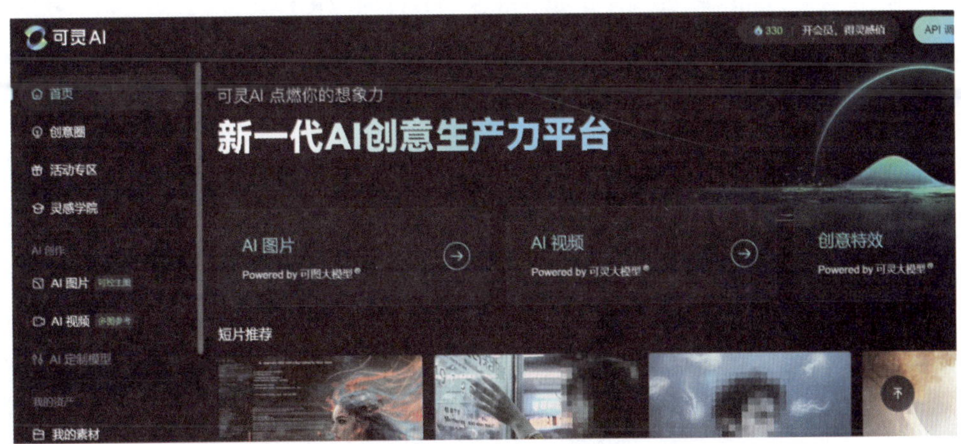

图 4–2–3　可灵 AI 主界面

单击主页面中的“AI 图片”按钮，即可进入图片生成工作区，如图 4–2–4 所示。在此工作区中，用户可以根据实际需求选择相应的图像生成或处理功能。无论是生成高清壁纸、插画，还是对图像进行修复、增强等操作，可灵 AI 都能提供相应的解决方案，并允许用户通过细致的参数调整来实现最佳效果。

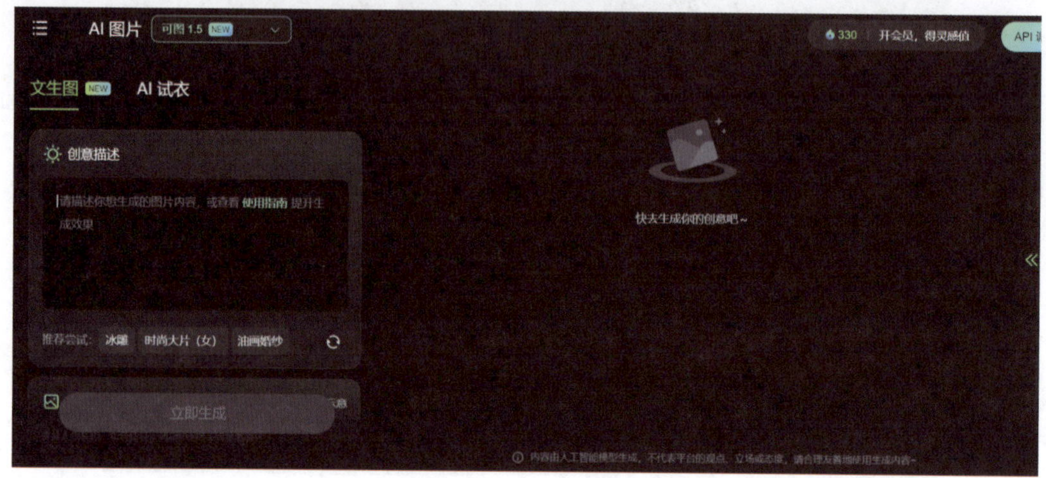

图 4–2–4　图片生成工作区

四、图像生成工具的使用要点

（一）正确输入提示词

1. 文生图提示词

在使用人工智能图像生成工具进行文生图操作时，提示词的准确性和详细性至关重要。

首先，要明确描述主体对象。例如，如果想要生成一幅美丽的风景画，提示词不能仅仅是“风景”，而应该更具体，如“壮丽的日落时分的海边风景，海浪轻轻拍打着沙滩，天空被染成橙红色”。这样具体的描述能让生成工具更好地理解我们的需求，从而生成更符合期望的图像。

其次，关于物体的属性也需要详细说明。假如要生成一个人物形象，除了描述外貌特征，如“年轻的女性，黑色长发，蓝色眼睛”外，还可以添加一些关于表情、姿态的描述，如“带着温柔的笑容，侧身站着，右手轻轻放在脸颊旁”。

此外，环境和氛围也是文生图提示词的重要组成部分。比如要创作一幅神秘的森林场景，可以描述为“黑暗而神秘的森林，雾气弥漫在古老的树木之间，月光透过树枝洒下斑驳的光影”。

2. 图生图提示词

在图生图过程中，提示词的作用更多的是对原始图像的补充和调整。

一方面，需要在提示词中指出想要改变的元素。如果原始图像是一座房子，想要把它变成城堡，那么提示词就要明确包含“将房子转变为城堡，增加高耸的塔楼、坚固的城墙”等内容。

另一方面，对于图像的风格调整也要通过提示词来实现。例如，原始图像是写实风格的人物画，若要转换为卡通风格，提示词可以是“将写实风格的人物转换为卡通风格，加大头部比例，简化身体线条，采用明亮的色彩”。同时，对于图像的色彩调整、细节增减等方面的需求，也都要以准确的提示词传达给图像生成工具。

请根据以上内容，尝试设计几套文生图与图生图的提示词公式。

（二）多次尝试与迭代

人工智能图像生成并非一蹴而就，往往需要多次尝试与迭代才能得到满意的结果。在初次生成图像后，可能会发现很多与预期不符的地方，这时就需要调整提示词，再次进行生成。

多次尝试还包括对不同参数设置的探索。除了提示词之外，图像生成工具可能还设有其他可调参数，如分辨率、图像的生成质量等级等。在迭代过程中，尝试不同的参数组合也是提高图像质量的重要方法。

每一次尝试都是一次学习的过程。通过观察不同提示词和参数组合下生成的图像，可以更好地理解工具的工作原理，从而更加精准地调整下一次的输入，不断接近理想中的图像效果。

（三）后期处理与优化

即使经过前面的步骤获得了比较满意的图像，后期处理与优化仍然必不可少。

首先是色彩校正，如果生成的图像色彩偏差较大，例如，整体偏黄或者偏暗，可以使用图像编辑工具进行色彩调整，使图像色彩更加真实、鲜艳或符合特定的风格需求。

图像的细节优化也是常见的后期处理内容。例如，在文生图生成的人物肖像中，可能人物的头发看起来比较粗糙，这时可以使用图像编辑软件对头发的细节进行细化，让头发看起来更加柔顺、自然。

另外，图像的裁剪和构图调整也是必要的。如果生成的图像周围有一些不必要的元素或整体构图不够完美，可以通过裁剪来突出主体，调整图像的视觉重心，提升整体的美感。

（四）版权与法律问题

在使用人工智能图像生成工具时，必须重视版权与法律问题。

生成图像的版权归属并不总是明确的。有些工具声称用户拥有生成图像的版权，但存在一些复杂的情况。例如，如果生成的图像是基于某些受版权保护的数据或者算法，那么版权的界定可能会变得模糊。

从法律合规的角度来看，不能将生成的图像用于非法目的。若用于商业用途，更要谨慎核实版权情况，确保没有侵犯任何第三方的权益。

同时，也要关注数据来源的合法性。如果图像生成工具使用的数据来源不合法，例如，使用未经授权的艺术作品或人物照片等，那么生成的图像也可能触及法律风险。因此，在使用人工智能图像生成工具时，要充分了解相关的版权和法律规定，确保自身的使用行为合法合规。

任务实施

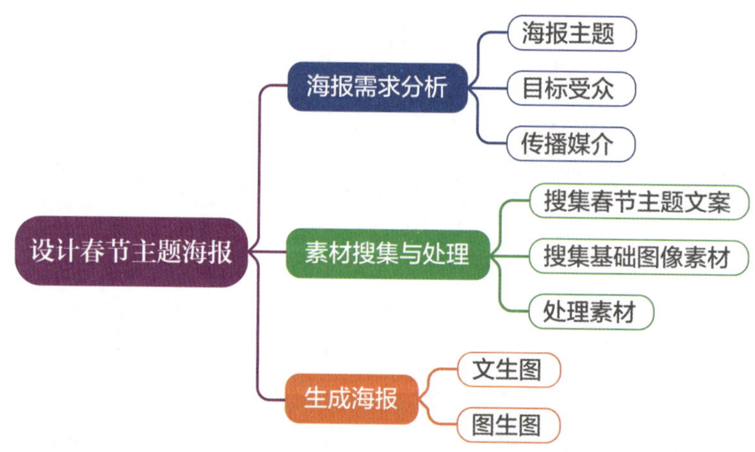

一、海报需求分析

（一）海报主题

春节作为我国最重要的传统节日，承载着丰富的文化内涵。春节节日海报旨在通过精心地设计，全方位营造出热烈且浓厚的节日氛围，引领受众感受春节深厚的文化魅力。

春节所蕴含的传统文化元素极为丰富，如象征吉祥如意的红色、寓意团圆美满的圆形图案、代表辞旧迎新的鞭炮等，这些元素都可巧妙融入海报设计之中。在内容方面，可以选取春节期间的传统习俗进行呈现，如阖家团圆的年夜饭场景、长辈给晚辈发红包的温馨画面、寓意驱邪纳福的贴春联活动等。

（二）目标受众

海报的目标受众应覆盖社区全体成员。虽然不同年龄段、职业的受众对春节海报有着不同的需求和兴趣点，但大家对春节的期待和对团圆、欢乐、祥和氛围的追求是共同的。

对于儿童来说，色彩鲜艳、形象可爱的卡通元素可能更能吸引他们的目光；青少年则可能更倾向于富有创意和现代感的设计；成年人，尤其是上班族，可能更关注海报所传达的温馨、放松的家庭团聚氛围；老年群体可能更注重传统元素的呈现，如古老的春联样式、传统的舞龙舞狮表演等。

对于不同地域的受众，由于地方文化和习俗的差异，对春节海报的内容也有不同的偏好。北方地区可能更期待看到冰雪中的春节景象，而南方地区可能对温暖的花市、漂亮的花灯等元素更感兴趣。不同职业的人群也会因为其工作环境和工作特点，对春节海报有不同的关注点。

总之，尽管受众需求各异，但春节海报应努力融合多种元素，以满足广大人民群众对春节的共同情感诉求和美好期待，营造欢乐、祥和的氛围。

（三）传播媒介

海报的传播将采取线上线下相结合的创新方式，以充分发挥不同媒介的独特优势。

1. 线上传播

在线上领域，社交媒体平台凭借其强大的广泛传播力，成为海报推广的重要阵地。例如，可以在微信、微博等社交平台发布节日海报，迅速吸引受众关注的同时，还可以通过点赞、评论、转发等方式，进一步扩大海报的影响力。

针对社交媒体的特点，海报设计应简洁明了、富有视觉冲击力，以适应受众在移动设备上的浏览习惯，同时搭配生动有趣的文案，激发受众的互动欲望。

2. 线下传播

线下传播方面，宣传栏以其直观展示效果成为不可或缺的传播媒介。在社区、学校、商场等人流量较大的场所设置宣传栏，能够直接面向广大民众展示海报内容。

为了充分发挥宣传栏的作用，海报设计应考虑与周围环境相协调，色彩鲜艳、主题突出，以吸引受众的目光。

二、素材搜集与处理

（一）搜集春节主题文案

文案是海报传达核心信息的重要元素。春节期间的文案，除了使用常见的祝福语，如“新春快乐，阖家幸福”，还可以使用富有诗意和文采的祝福语，如“龙腾盛世贺新春，凤舞九天迎吉祥”“瑞雪纷飞庆丰年，红梅绽放颂华年”等，以提升海报的文化内涵。

同时，深入挖掘节日习俗的详细描述也至关重要。在简单的“贴春联、放鞭炮、吃年夜饭”描述的基础上，还可以有“一家人围坐在一起包饺子，其乐融融，寓意着团圆美满”“孩子们穿着新衣，欢天喜地地拿着长辈给的红包，脸上洋溢着幸福的笑容”等生动而具体的描述，使海报更具故事性和吸引力。此外，搜集一些与春节相关的诗词歌赋，如“千门万户曈曈日，总把新桃换旧符”“故乡今夜思千里，霜鬓明朝又一年”等，为海报增添浓厚的文化底蕴。

（二）搜集基础图像素材

在搜集基础图像素材时，除了传统的春节图案，如福字、对联、灯笼等，还应广泛搜集具有地方特色的春节元素，如陕北的剪纸、江南的花灯、岭南的舞狮等，展现不同地域丰富多样的春节文化。

此外，现代节日装饰素材也不可或缺，如气球、彩带等。它们能够为海报增添时尚和活力的元素。还可以搜集一些与春节相关的人物形象素材，如身着传统服饰拜年的人物、制作传统美食的场景等，以及与生肖相关的可爱动物形象，如灵动的兔子、威武的龙等，为海报注入更多的生机与活力。

（三）处理素材

对搜集到的图像素材进行细致而专业的处理是海报设计成功的关键步骤之一。

首先，应进行严格的筛选，剔除质量不佳、清晰度不够或者与整体设计风格不符的素材。对于选定的素材，根据海报的布局和设计需求进行精确的裁剪，突出重点元素，去除多余部分。

其次，运用人工智能工具或专业的图像处理软件对素材的色彩进行调整，增强对比度和饱和度，使颜色更加鲜艳、明亮，以吸引观众的目光。若素材的亮度不合适，还需要进行适当的提亮或压暗处理，以确保素材在海报中呈现最佳的视觉效果。

对于一些有瑕疵或破损的图像素材，可以使用人工智能工具进行修复，使其恢复完美状态。此外，还可以根据需要对素材进行模糊、锐化等特殊效果处理，以营造出独特的氛围和视觉感受。

三、生成海报

以下将使用可灵 AI 演示文生图和图生图两种模式生成海报的过程。

（一）文生图

可灵 AI 的工作区包含“创意描述”“上传参考图”“参数设置”三大部分，使用文生图模式时，主要使用“创意描述”与“参数设置”两部分。

1. 输入提示词

为了提升生成海报的质量，要精心设计文生图提示词。我们可以根据一定的规则生成提示词，也可以借助其他 AIGC 工具，生成符合要求的提示词。

（1）自编提示词。自编提示词时，要使用简单、清晰的文字，将海报画面描述清楚，以下是一份提示词示例。

一张海报。

风格：中国风，传统节日氛围，喜庆而温馨。

主体：画面中心是一个传统的中国家庭欢聚一堂庆祝新年的场景，包括长辈、年轻人和小孩围坐在餐桌旁享受年夜饭。背景中可以看到红灯笼高挂，对联贴在门两侧，窗外绽放的烟花增添了节日气氛。

视觉元素：红色作为主色调，配以金色点缀，象征吉祥与繁荣。细节上可以加入中国结、福字等传统装饰品。

画质：图像清晰且色彩鲜艳，构图平衡和谐，使整体感觉既热闹又不失优雅。

情绪：充满喜悦与温暖，体现出家庭团聚的美好时刻以及对未来一年的美好祝愿。

（2）提示词生成。我们可以使用一些文本生成工具生成提示词。例如，我们可以向 DeepSeek 这样提问：“我想用 AIGC 工具生成一张春节海报，上面必须要有‘新春快乐　阖家幸福’几个汉字。请你帮我生成 3 份不同的文生图的提示词。”接着，我们打开 DeepSeek 的深度思考和联网搜索功能，稍等片刻，就得到了如下 3 份提示词。

提示词 1：传统年画风格

中国传统年画风格春节海报，主体是穿红袄的孩童手举鎏金灯笼，背景是朱红宫墙点缀飘雪，右下角水墨风格梅花枝，左上角悬浮立体金色祥云，中央显眼位置用烫金浮雕书法字呈现“新春快乐　阖家幸福”，四周环绕锦鲤与铜钱纹样，超清细节，柔和的漫反射光影，构图层次丰富，喜庆而不杂乱。

提示词 2：现代国潮设计

赛博朋克风格春节场景，霓虹灯笼悬浮在摩天大楼间，玻璃幕墙映射出巨大全息投影的“新春快乐　阖家幸福”立体发光字，传统窗花纹路与数字粒子特效融合，前景有穿汉服的 AI 机器人派发电子红包，冷暖色碰撞的光影效果，超清分辨率，未来科技感与中国传统元素完美结合。

提示词 3：温馨家庭场景

温暖水彩手绘风格，全景展现三代同堂的团圆饭场景，圆桌上热气腾腾的饺子与锦鲤年糕，背景可见贴春联的木门和窗外绽放的烟花，前景祖母正在给孩子红包，画面中央用喜庆红底洒金宣纸质感呈现“新春快乐　阖家幸福”书法字，柔焦灯光效果，充满生活气息的春节氛围。

本任务我们选择自编提示词，将其输入到可灵 AI 的“创意描述”区。

2. 调整参数

接下来，我们需要对相应参数进行调整。在可灵 AI 工作区中，可调节的参数有“图片模型”“图片比例”与“生成数量”。

“图片模型”参数位于页面左上角，我们可以选择最新的模型。

“图片比例”与“生成数量”位于页面左下角。可灵 AI 提供了 1∶1、16∶9、4∶3、3∶2、2∶3、3∶4、9∶16、21∶9 等比例，可按需进行选择，此处选择 3∶4 的比例。“生成数量”决定了可灵 AI 一次性生成图片的数量，可灵 AI 最多支持一次性生成 9 张图片，但是这会消耗较多的“灵感值”。为了降低“灵感值”的使用，又保证有多张图片进行对比参考，此处选择一次性生成 2 张图片。

关于“图片比例”与“生成数量”的设置如图 4-2-5 所示。

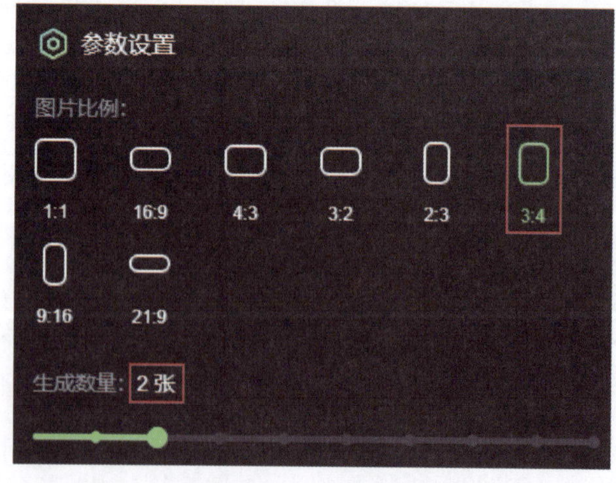

图 4-2-5　参数设置

3. 生成海报

单击“立即生成”按钮，得到如图 4–2–6 所示的两幅海报。

图 4–2–6　可灵 AI 生成的春节海报（一）

（二）图生图

可灵 AI 支持“参考图上传”功能，因此，我们也可以使用“图生图”功能，生成更加符合期望的春节海报。

在可灵 AI 工作区中，找到“参考图上传”，然后通过点击、拖拽、粘贴等方式上传参考图，也可以从历史创作记录中选择参考图。上传参考图时，需要选择参考的内容。可灵 AI 支持参考角色特征、人物长相、通用垫图三种模式。具体选择哪种模式，要根据实际需求和参考图样式来判断。本任务是生成春节主题海报，且参考图不具备明显的角色特征与人物长相信息，因此，此处选择通用垫图模式，如图 4–2–7 所示。

接着，根据参考图的样式，在“创意描述区”输入提示词“一张春节海报，具有灯笼、穿着喜庆衣服的小孩、中国书法等元素”，然后将“图片比例”参数设置为 3∶4，将“生产数量”参数设置为 2，单击“立即生成”按钮，等待片刻，即可得到生成的海报，如图 4–2–8 所示。

需要注意的是，在可灵 AI 中，使用通过上传参考图生成图像时，还有一个重要参数需要调节，即“参考强度”，这个参数的数值越大，最终生成的内容与参考图就越相似。在上述示例中，我们设置的参考强度为 50。

图 4-2-7　选择参考的内容

图 4-2-8　可灵 AI 生成的春节海报（二）

项目小结

通过本项目的学习，你不仅掌握了图像类 AIGC 工具的具体使用方法，还通过“智能修图”“设计海报”两个具体任务，加深了对图像类 AIGC 工具的理解，拓展了图像类 AIGC 工具的应用场景。下图为你总结了本项目的主要内容，供你回顾整个项目，总结项目学习成果。

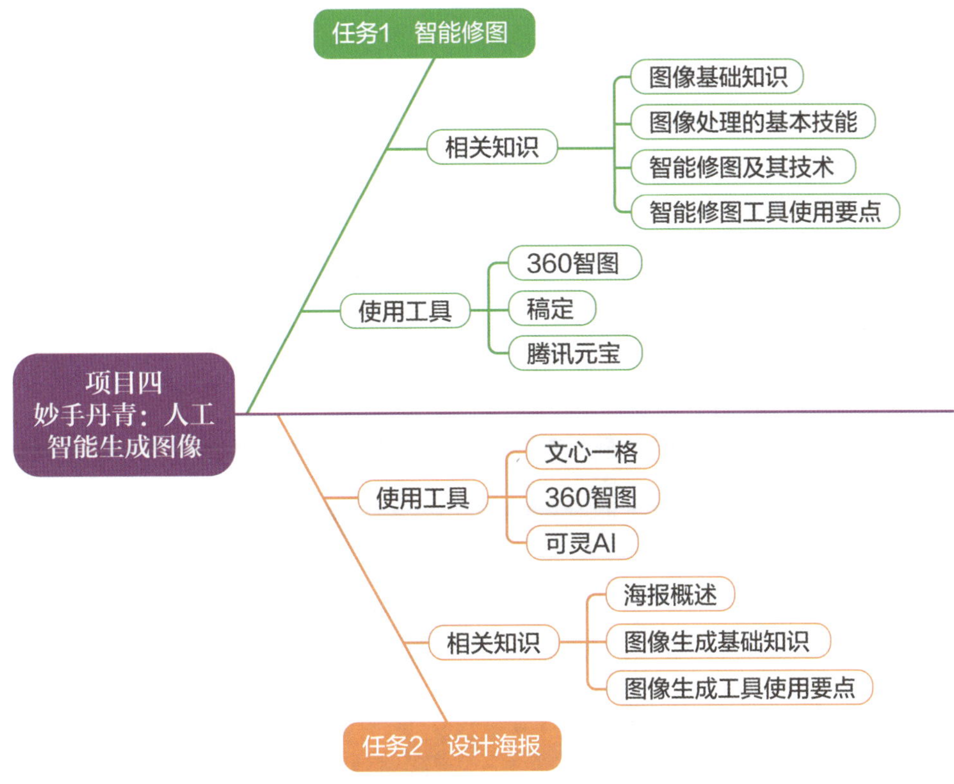

拓展探究

在图片中生成汉字的挑战

当前，人工智能生成图像技术发展迅速，为许多领域带来创新机遇，但人工智能在图片中生成汉字仍面临诸多技术挑战。

首先，人工智能在图片中生成汉字存在技术难点。汉字结构独特，由众多笔画和偏旁部首组成，结构丰富，如“嬴”字，其笔画多、结构复杂，需人工智能精确把握笔画顺序、比例和空间布局，稍有偏差，字形就可能失真。同时，不同字体风格差异显著，如宋体、楷体、手写体等，许多文生图大模型在生成西文字母时表现不错，但应对汉字字体多样性的能力有限，特别是模拟不同手写风格的难度极大。

其次，存在语义与视觉协调的难题。在图片中生成汉字时，汉字要与图像内容语义相匹配。如生成秋天景色诗词配图时，人工智能要生成符合秋景特征的图像并合理嵌入相关汉字，要求其有很强的跨模态理解能力。同时，汉字在图像中的位置要符合现实逻辑，否则会出现文字布局不合理，破坏画面协调性与逻辑性的情况。

最后是小样本与数据偏差困境。高质量的中文文本生成图像配对数据缺乏，含艺术字体或书法作品的训练数据更少，这使得人工智能模型生成汉字的多样性不足，结果多偏向常见字体，难以学习不同字体、风格和场景下的汉字生成方式，无法满足多样化需求。

这些难题并非不可攻克。随着时间推移，不少人工智能工具都开始逐渐支持在图片中生成汉字，如豆包、即梦、通义万相等。例如，在豆包的“图像生成”功能区中，输入“一张中秋节海报，画面是一家人在院子里赏月。海报配有‘天上月最美，人间情最长’这句小字”，豆包生成的图片如图 4-2-9 所示。可以看到，虽然生成的内容不完全符合要求，但生成的汉字不管是字体还是排版，都体现了一定的设计感。

图 4-2-9　豆包生成的图片

随着技术的不断升级与训练数据的不断增加，在未来，人工智能必然能生成越来越准确、越来越有美感的汉字。

课后练习

1. 简述智能修图的主要原则。
2. 简述优秀海报的主要标准。
3. 使用一张自己的自拍照，尝试使用不同的图像类 AIGC 工具，生成不同风格的艺术照片。
4. 使用图像类 AIGC 工具，为我国的每个传统节日生成一张海报，可分小组共同完成。

项目五

鬼斧神工：人工智能生成视频

项目导读

人工智能生成视频技术的迅猛发展为视频创作带来了革命性变化，极大地拓展了创作边界，彻底改变了传统的视频制作模式。在这个科技日新月异的时代，我们应紧跟科技发展潮流，积极培养对新技术的探索精神和求知欲，保持对前沿技术的敏锐感知，掌握人工智能生成视频技术的知识与技能，全面提升自身创作能力。

在本项目中，我们将一同踏入人工智能生成视频的神秘领域，通过完成“生成短视频”“生成动画视频”“生成数字人视频”这 3 个充满挑战与创意的实践任务，亲身体验从文字到画面、从静态到动态的奇妙转变过程。你将学会如何利用这些前沿工具，将创意转化为精彩绝伦的视频作品，开启一场激发无限想象力与创造力的视觉盛宴。

学习目标

1. 了解文生视频、图生视频的基本概念，理解两者的主要作用。

2. 了解数字人的基本概念和主要作用。

3. 了解常用的文生视频、图生视频，以及生成数字人的工具，掌握其使用要点。

4. 能根据实际需求选用不同功能的视频类 AIGC 工具，生成符合预期的视频文件。

5. 在实践过程中提升视频审美能力和创意构思能力，能够独立完成具有一定艺术美感和创意价值的视频生成任务。

任务 1　生成短视频

任务描述

一、任务情境

生态文明建设关系人民福祉，关乎民族未来。中国式现代化的显著特征之一，便是追求人与自然和谐共生的现代化道路。为了使同学们更加深入地理解生态文明建设的丰富内涵，班主任李老师决定举办一场主题班会，请同学们制作关于生态文明的短视频，并进行分享。鉴于同学们已经学习了 AIGC 工具的基本操作技能，李老师希望大家积极运用这类工具完成短视频的制作任务。回想起春游时曾探访过的湿地公园，那里栖息着众多珍稀鸟类，你决定以“守护鸟类天堂，共筑美好家园”为主题，着手制作这一短视频。

二、任务要求

1. 围绕“守护鸟类天堂，共筑美好家园”主题制作一段短视频，要求主题突出，画面清晰，播放流畅。

2. 搜集相关资料，运用合适的 AIGC 工具生成视频。

3. 视频内容应紧扣主题，同时满足以下要求。

（1）画面的主体是鸟类。

（2）视频时长不超过 20 s，分辨率不低于 720 P。

（3）需配以与画面内容相契合的背景音乐和音效。

三、任务资料

自备。

任务目标

1. 能搜集与使用各种视频类 AIGC 工具，熟悉工具的基本参数，掌握其使用方法。

2. 能够通过编写有效的提示词，利用文生视频工具，生成画面清晰、流畅且符合预期的视频。

3. 能够对生成的视频进行分析与判断，并添加合适的背景音乐和音效。

相关知识

一、文生视频概述

文生视频是一种人工智能技术，能通过自然语言描述生成对应的视频内容。传统的视频制作流程需要依赖大量的素材拍摄和烦琐的剪辑后期，而文生视频使得用户仅凭借文字指令即可生成具有一定视觉效果的视频，其核心原理是利用深度学习等技术，将输入的文本语义转化为动态的视觉画面序列。

文生视频技术的应用前景广泛，其主要作用可概括为以下几个方面。

（一）降低创作门槛

对于非专业视频制作人员而言，无须昂贵的设备和复杂的软件操作，仅凭文字描述即可生成视频，大大降低了视频创作的门槛。这种技术对于学生、业余爱好者和初创企业都具有极大的吸引力。

（二）提高创作效率

在自媒体、广告制作和短视频营销等领域，快速生成视频能大大缩短创作周期。自媒体人、广告公司可以直接根据文字描述快速生成视觉素材，提高创作效率。

（三）激发创意与艺术表达

文生视频打破了现实拍摄条件的限制，为创作者提供了更为广阔的想象空间。通过丰富的文字提示，创作者可以构建出超现实、梦幻或科幻风格的视频场景，甚至可以生成难以在现实中实现的画面效果，激发无限的创意可能。

你是否观看过使用 AIGC 工具生成的视频？你认为其质量如何？

二、常用文生视频工具

随着近年来人工智能技术的迅速发展，文生视频技术逐步走向成熟。以下介绍3种常用的文生视频工具。

（一）清影

清影是智谱清言平台的视频生成工具，用户可在智谱清言主界面找到其登录入口，如图5-1-1所示。清影依托于智谱大模型团队自研打造的视频生成大模型CogVideo，支持生成最高60帧的高分辨率视频，还支持“AI音效”“视频去水印”等特色功能。

图5-1-1　登录清影

（二）Vidu

Vidu能够帮助独立创作者或团队轻松生成高质量的动态视频、2D动画和多样化的艺术内容。基于其强大的语义理解与镜头动态设计能力，创作者可以专注于创意表达，而无须担心烦琐的制作过程。其支持从低分辨率到1 080 P的多层次输出，为创作者提供了广阔的表现空间。Vidu主界面如图5-1-2所示。

（三）腾讯混元AI视频

腾讯混元AI视频同时具有文生视频、图生视频功能，其拥有强大的语义对齐能力，可以轻松生成高动态、流畅的运动画面，并支持在生成的视频画面中一次性完成多个连续动作，实现镜头的无缝衔接，深度融合真实效果与虚拟场景，为用户带来优秀的画质体验。同时，该工具还具备原生切镜能力，可在真实与虚拟风格之间自由切换。腾讯混元AI视频主界面如图5-1-3所示。

图 5-1-2 Vidu 主界面

图 5-1-3 腾讯混元 AI 视频主界面

你是否接触过一些文生视频工具？你的使用体验如何？

三、文生视频工具的使用要点

（一）编写提示词

1. 提示词编写的关键守则

文生视频提示词的关键在于结构性。一条没有结构性的提示词，如“人在户外奔跑”，重点不清晰，细节不明确，会增加人工智能生成视频的随机性，导致效果不尽如人意。以下提供两个公式来增强提示词的结构性。

（1）简单公式。[摄像机运动方式] + [场景描述] + [更多细节]。例如，“人在户外奔跑”可以扩写为：“镜头逐渐拉进，一个小男孩在清晨的校园操场中慢跑，他穿着黑色的运动短袖和短裤。”

（2）复杂公式。[镜头语言] + [主体描述] + [场景描述] + [光影描述] + [情

绪 / 氛围 / 风格]。例如，“人在户外奔跑”可以扩写为：“镜头平移，一个小男孩在清晨的校园操场中慢跑，他的身后跟着很多晨跑者。金色的阳光洒下，营造出温馨浪漫的氛围。”

2. 提示词优化的 3 个原则

（1）强调关键信息。在文生视频过程中，模型是根据提示词来生成相应画面的，关键信息就像引导模型创作的“指南针”。在提示的不同部分重复或强化关键词，能让模型更明确创作者的核心需求，从而提高输出的一致性。例如，当我们想要生成一个展现激烈赛车比赛的视频时，提示词可以写成：“在宽阔的赛道上，一辆红色赛车以极快的速度飞驰，那速度快得如同闪电，红色赛车在众多赛车中脱颖而出。”其中，“红色赛车”“速度”“快”就是重复强化的关键词。

（2）聚焦画面内容。提示词越精准地指向场景中应出现的内容，模型生成的画面就越能符合预期。如果提示词过于模糊或间接，模型可能会生成多种不同理解的画面。因此，要尽量让提示词集中在场景中应该出现的内容上。例如，在描述一个户外野餐的场景时，直接提示“绿草如茵的草地上，摆放着色彩鲜艳的野餐垫和装满美食的篮子，人们开心地围坐在一起”，比“没有杂物的户外场地，有一些用于休闲的物品”要好得多。

（3）规避负面效果。由于模型生成存在一定的随机性，可能会出现一些不符合期望的效果。因此，需要在提示词中写明不需要的效果，以进一步保障视频的生成质量。例如，在生成一个展示美丽风景的视频时，提示词可以加上“不出现画面灰暗、光影混乱、物体比例失调的场景”。

（二）设置参数

1. 分辨率

视频分辨率直接影响画面清晰度。用户需根据视频的性质（如广告、教学片、纪录片等）选择合适的分辨率。对于需要高清展示的宣传片，1 080 P 乃至 4 K 分辨率都是理想选择，但同时也要求生成设备具备较高的计算能力。参数的合理设定是平衡质量与生成效率的重要环节。

2. 帧率

帧率决定视频播放的流畅性。常用的帧率有 24 帧、30 帧、60 帧，较高的帧率可以使视频过渡更加自然，但也会增加数据处理量和生成难度。帧率应根据任务要求进行调整，以确保生成的视频既流畅又不会因生成帧数不足而导致卡顿。

3. 导演模式

不少文生视频工具都推出了“导演模式”，这是一种通过高级控制功能模拟专业影

视导演创作流程的智能化生成模式，其核心在于降低专业门槛的同时提升用户对视频内容的控制精度。

在“导演模式”下，用户可以通过自然语言指令、参数化设置或多模态交互，对视频生成的镜头运动、画面构图、场景过渡等要素进行精细化调控。一般而言，若使用的文生视频工具支持“导演模式”，推荐将其打开。

4. 其他参数

除了以上参数外，部分工具还提供视频时长、画面风格、音频配置等参数设置。用户可以根据具体创意调整这些参数，以达到最佳视觉效果。

（三）保护隐私

1. 数据上传与隐私安全

部分文生视频工具在生成过程中可能要求上传图片、文字说明甚至个人数据。用户在使用前应详细阅读工具的隐私政策，选择信誉好、具备数据保护措施的平台，避免上传敏感信息，确保个人及企业数据安全。

2. 生成内容的使用权限

在使用文生视频工具生成内容时，务必了解工具厂商对生成内容的版权及使用规定。有些工具可能会对生成视频拥有部分使用权或分享权，用户应在使用前确认相关条款，以免后续出现版权纠纷。选择明确标注版权归属和使用许可的平台，可以在商业化应用中更好地保护自身权益。

任务实施

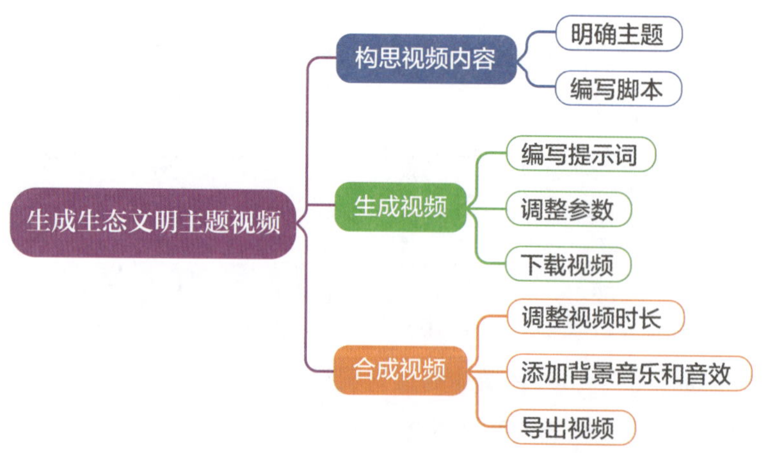

一、构思视频内容

（一）明确主题

根据任务描述，本次视频制作的主题为“守护鸟类天堂，共筑美好家园”，这是一个宏观且抽象的主题，需要对其进行拆分，找到可以切入视频画面的关键点。

“守护鸟类天堂”可具象化为丰富多样的鸟类的生活场景，如湿地觅食、枝头栖息、空中翱翔等，以突出鸟类生存环境的美好；“共筑美好家园”则可通过展示人类与鸟类和谐共处的画面来体现，如人们观鸟而不惊扰、志愿者参与湿地保护等。通过这些具体画面，将抽象主题具象化，使观众更易理解视频主旨。

（二）编写脚本

基于上述对主题的拆解，可以编写一个简单的视频脚本，时长限制在 20 s 以内，同时合理分配各画面的时长，确保视频节奏紧凑且主题突出，见表 5-1-1。

表 5-1-1　脚本内容

镜号	景别	画面内容	时长
1	全景	阳光洒在某湿地公园中，湖面波光粼粼。众多鸟类在湿地中或觅食，或嬉戏	3~5 s
2	中景	几名志愿者拿着工具，在湿地周边清理垃圾，脸上带着专注的神情	3~4 s
3	近景	一群小朋友在老师带领下，在湿地边缘安静观鸟，眼神中充满好奇与惊喜	3~4 s
4	全景	鸟儿在空中展翅高飞，与蓝天、白云、湿地构成一幅和谐画面，画面渐暗	4~6 s

你完全可以按照自己的想法编排视频脚本，还可以使用 AIGC 工具辅助你的编写。

二、生成视频

以下将使用腾讯混元 AI 视频，完成视频生成任务。

（一）编写提示词

根据编写好的脚本，我们将生成 4 个视频，需要先把每个镜号的画面内容转换为文生视频的提示词。为了保证统一性，每个镜号都采用［镜头语言］+［主体描述］+［场景描述］+［光影描述］+［情绪 / 氛围 / 风格］的公式编写提示词。

1. 镜号 1 提示词

全景画面，镜头缓慢平移。阳光洒在一个湿地公园的湖面上，湖面波光粼粼，许多不同品种的鸟类在湖边觅食与嬉戏。好看的自然光影。写实的纪录片风格。

2. 镜号 2 提示词

中景画面，镜头保持静止。几名身着志愿者服装的人，手中拿着清洁工具，在一个湿地公园边缘认真地清理着垃圾，脸上带着专注的神情。自然的光线均匀洒落，营造出积极、认真的氛围。写实的纪录片风格。

3. 镜号 3 提示词

近景画面，镜头由远拉近。一群小朋友在老师的带领下，静静地站在一个湿地公园的边缘，正专注地观看着湿地公园里面的鸟儿，他们的眼神中充满好奇与惊喜。柔和的阳光倾洒而下，带来温馨的氛围。写实的纪录片风格。

4. 镜号 4 提示词

全景画面，镜头逐渐拉远。鸟儿在空中尽情地展翅高飞，与上方的蓝天白云、下方美丽的湿地共同构成一幅和谐画面，随着画面推进逐渐暗淡。明亮且广阔的自然光影，营造出宁静、美好的氛围。写实的纪录片风格。

知识链接

镜号

镜号是影视制作中分镜头脚本的核心要素之一，它按照镜头在影片中的先后顺序进行编号，形成一个标记系统。在分镜头创作阶段，创作者需要将剧本拆解为若干个独立的镜头单元，并为每个单元依次赋予一个数字序号，这些序号就是镜号。

镜号的本质是镜头的身份标识，用于区分不同的画面片段，确保拍摄、剪辑和后期制作的连贯性和一致性。

在拍摄前，导演会依据镜号规划镜头的顺序，明确每个镜头的内容、景别和拍摄手法。这样，摄影师和演员在拍摄时就可以依据镜号快速定位到相应的场景，提高拍摄效率。

到了后期剪辑阶段，剪辑师会以镜号为索引，将零散的素材按照顺序拼接起来，形成完整的叙事结构。此外，镜号还便于团队成员之间的协作与沟通，有效避免因镜头混淆而导致的创作失误。

例如，在表格形式的分镜头脚本中，镜号通常作为首列信息出现，与景别、时长、画面描述等栏目共同构成了一个标准化的创作框架。这样的框架不仅有助于创作者清晰地规划每个镜头的细节，也方便后续的制作和剪辑工作。

（二）调整参数

登录腾讯混元 AI 视频官网，将编写好的提示词填入页面的输入框中，随后进行参数调整。

1. 通过“更多设置”调整参数

单击“更多设置”按钮，可以对“负向提示词”“比例”“Prompt 增强”“流畅运镜”“丰富动作”等参数进行调整。

其中，“负向提示词”主要是为了降低模型生成的随机性，确保生成内容更贴近提示词要求。“Prompt 增强”“流畅运镜”“丰富动作”是腾讯混元 AI 视频的特有参数，有助于丰富提示词细节、增加视频画面流畅性。此处将“负向提示词”保持为默认设置，其余参数全部开启，如图 5–1–4 所示。

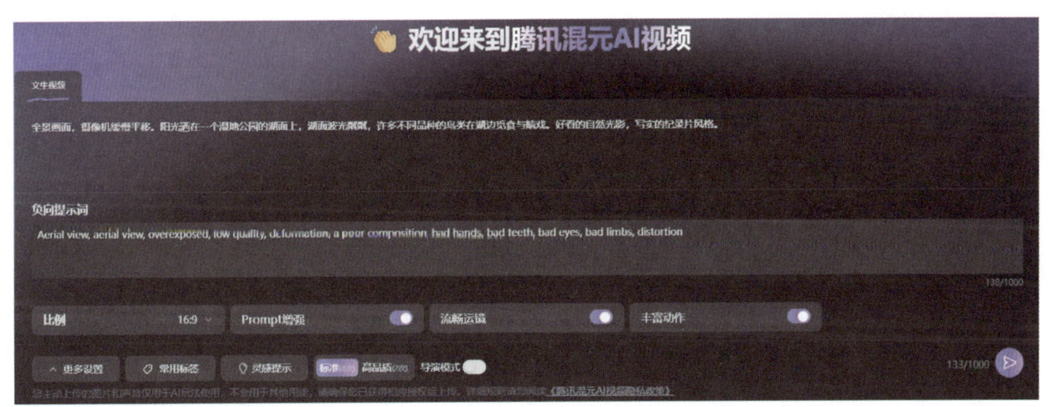

图 5–1–4 通过“更多设置”调整参数

2. 通过“常用标签”调整参数

单击“常用标签”按钮，可对“光线”“景别”“氛围”等参数进行细致设置。应根据每个镜号的内容，合理地设置这些参数。例如，根据镜号 1 的提示词，在“光线”中选择“自然光”，在“景别”中选择“广角镜头”，在“相机运动”中选择“向右平移镜头”等，如图 5–1–5 所示。

3. 选择生成模式

在腾讯混元 AI 视频中，可以选择“标准”和“高品质”两种模式。“标准”模式生成速度快，但视频画质一般；“高品质”模式生成的画面会更清晰，但生成速度较慢。若时间充裕，建议选择“高品质”模式。

图 5-1-5 通过“常用标签”调整参数

4. 开启导演模式

腾讯混元 AI 视频支持导演模式。开启导演模式后，系统会自动优化提示词，增加镜头运动、画面衔接细节，提升视频流畅性。若无特殊要求，建议开启导演模式，如图 5-1-6 所示。

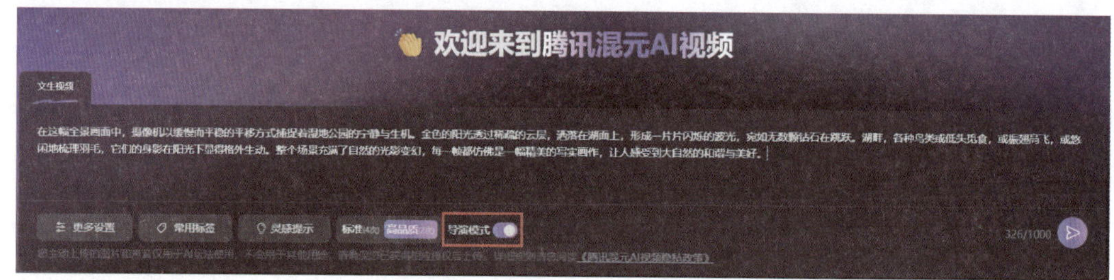

图 5-1-6 开启导演模式

完成参数设置后，单击页面中的蓝色生成按钮，系统会创建视频生成任务，可在“资产”中查询生成状态。

（三）下载视频

依次生成 4 个视频后，进入“资产”页面，单击页面下方的“下载”按钮，将视频下载到本地。

三、合成视频

（一）调整视频时长

将下载的视频导入视频编辑软件（如剪映、Adobe Premiere Pro 等），根据脚本内容和整体节奏，对视频进行剪辑，删除多余部分，确保视频时长控制在 20 s 以内。剪辑过程中注意画面的连贯性，避免出现突兀的剪辑点。

（二）添加背景音乐和音效

为了丰富视频的元素，提升观看体验，可以适当添加背景音乐和音效。

1. 选择音乐

挑选与视频主题和风格相契合的背景音乐，如选择节奏舒缓、旋律优美的纯音乐，可以营造出清新、和谐的氛围。注意音乐的版权问题，选择可商用或免费使用的音乐素材。另外，结合“项目三”所学知识，你也可以使用 AIGC 工具生成音乐。

2. 添加音效

根据视频画面内容，添加相应音效，如鸟儿的鸣叫声、志愿者清理垃圾时工具的声音等，以丰富视频的听觉层次。部分文生视频工具支持在生成视频时附带生成音效（如清影），如有需要，可以利用这类功能。

添加音效后，需调整音乐和音效的音量大小，确保两者平衡，避免一方声音过大或过小，影响整体效果。

（三）导出视频

完成视频时长调整和音乐音效添加后，可以对合成后的视频进行整体预览，检查画面与声音是否同步，是否存在其他瑕疵。确认无误后，导出视频。

导出视频时要注意以下几点。

1. 视频参数

不能盲目设置视频分辨率与帧率等参数，应根据生成视频的原始参数来调整导出参数。例如，若生成的是 720 P、30 帧的视频，导出时将参数设置为 1 080 P、30 帧并无意义，这样设置不仅不会提升画质，还可能会导致画面被拉伸，影响观看体验。

2. 视频格式

常见的视频格式有 MP4、AVI、WMV、MKV、FLV 等。其中，MP4 格式具有广泛的兼容性，几乎在所有设备和平台上都能流畅播放，包括计算机、手机、平板和各类智能电视等。这一格式能在保证较高画质的同时，有效压缩文件大小，便于存储和传输。对于需要在网络上分享的主题班会短视频来说，MP4 格式是非常理想的选择。因此，本次制作的视频选择以 MP4 格式导出。

任务2 生成动画视频

任务描述

一、任务情境

语文老师为了让同学们更加直观地领略苏轼名篇《赤壁赋》的意境与韵味，计划将这篇经典古文以动画视频的形式呈现出来，从而增强课堂的互动性和教学的生动性。你作为语文课代表，被委以重任，需借助视频类AIGC工具，将文中意境转化为动态画面，让同学们仿佛置身于“苏子与客泛舟游于赤壁之下”的壮美景致之中。请你仔细研读《赤壁赋》原文，并结合网络上的相关资料，完成这一创意任务。

二、任务要求

1. 深入理解《赤壁赋》的文学内涵与思想情感，从中挑选2~3个最具代表性的经典情景。以明代仇英的画作《赤壁图》为视觉灵感来源，结合个人创意，设计并制作一段动画视频。

2. 运用图生视频工具，确保生成的动画视频画面清晰、运镜流畅。

3. 视频时长10 s，分辨率需达到或超过720 P，以保证观看体验。

4. 为视频配以与画面内容相协调的背景音乐，增强氛围感和沉浸感。

5. 将最终视频处理成广泛兼容的文件格式，确保能够在大多数视频播放软件中播放。

三、任务资料

《赤壁图》(见素材库)。

任务目标

1. 能使用图生视频工具生成符合预期的视频作品，并添加合适的背景音乐，进一步提升 AIGC 工具操作能力。

2. 通过制作《赤壁赋》动画视频，更加直观、深入地理解苏轼在文中所描绘的场景、表达的思想情感，激发对中华优秀传统文化和古典文学的兴趣与热爱。

3. 提升守正创新能力和跨领域融合思维，应用现代科技为传统文学注入新的活力。

一、图生视频概述

图生视频是一种以图像为基础素材来生成视频的技术手段。在这类视频生成过程中，图像扮演了重要角色。然而，仅仅依靠图像来生成视频，有时可能难以满足用户的全部需求。为了提升图生视频的效果，确保生成的视频能够精准符合用户的期望，在进行图生视频操作时，通常还会借助文字进行辅助描述。这些文字涵盖了视频生成的具体要求，比如视频的主题思想、情节发展、画面转场效果、音频搭配要求，以及视频整体风格定位等。

图生视频技术的主要作用可概括为以下几个方面。

（一）提升视频的个性化程度

仅使用文字生成视频存在诸多难题。首先，文字理解具有主观性，不同的人对相同的文字描述可能产生不同理解。例如，在描述“美丽的风景”时，有人可能想到的是山川湖泊，有人则可能想到海滨风光。其次，虽然模型的通用性能在一定程度上保证生成视频的基本质量，但难以精准贴合每个用户的独特创意与需求。图生视频技术能在一定程度上解决这一问题。用户通过提供特定的图像，结合详细的文字描述，可以使生成的视频在满足基本主题的同时，融入个性化元素，充分展现用户的独特创意。这不仅极大提升了视频的个性化程度，还让用户在创作过程中充分发挥想象力和创造力，满足多样化的创作需求。

（二）丰富图片素材的使用形式

图片本质上是静态的，这一特性决定了其在传达信息时的局限性。单张图片只能展现某个瞬间的场景，所能传达的信息有限。一方面，它难以全面、动态地讲述一个完整的故事。例如，单张图片只能呈现城市在某一时刻的模样，无法展现其从古朴小镇逐步发展为现代化大都市的过程。另一方面，对于复杂信息的展示，单张图片也显得力不从心。将图片转化成视频，则能突破这种静态限制。通过图生视频技术，利用文字描述精心设定图片中元素的动态变化、巧妙添加情节发展，使原本静态的图片素材以更生动、丰富的形式展示信息，可以使观众更好地接受和理解所传达的内容，充分挖掘出图片的潜在价值。

（三）激发更多创意

图片和文字的组合可以打破传统视频创作的思维定式，为创作者带来更多灵感。不同风格、内容的图片与多样化的文字描述相结合，能够创造出更多可能性。例如，将一张充满科技感的未来城市概念图与文字“想象这是一座被遗忘的未来城市，在废墟中，古老的文明遗迹与高科技产物奇妙共生，展开一段探索之旅”搭配，可以引导图生视频工具创作出一个独特的科幻故事视频。这种图文组合激发了创作者运用图生视频工具将现实与想象、不同艺术风格与主题进行融合，创造出更具创新性、新颖性的视频内容，拓展了视频创作的边界。

二、常用图生视频工具

（一）通义万相

通义万相是一款多模态 AIGC 工具，最初仅具备图片生成能力。2024 年 9 月，通义万相发布与开源了视频生成模型，从而具备了视频生成功能。通义万相主界面如图 5-2-1 所示。

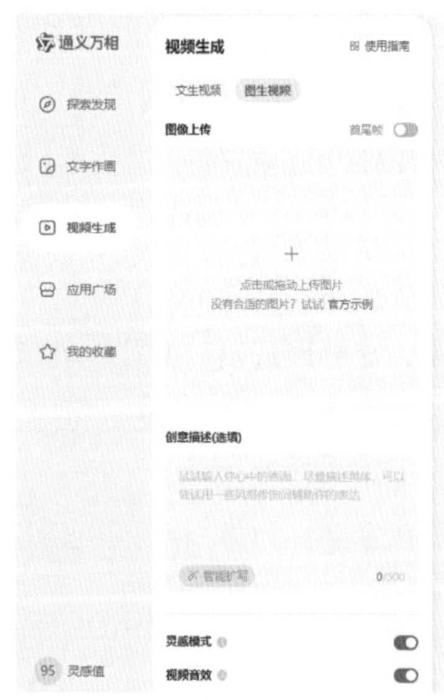

图 5-2-1　通义万相主界面

通义万相支持“首尾帧”这一特色功能，如图 5-2-2 所示。用户可以先后上传两张图片作为视频的首帧与尾帧，大模型会自动计算二者的关联，并在二者之间建立巧妙的联系，生成“从首帧图片变化过渡到尾帧图片”的视频。

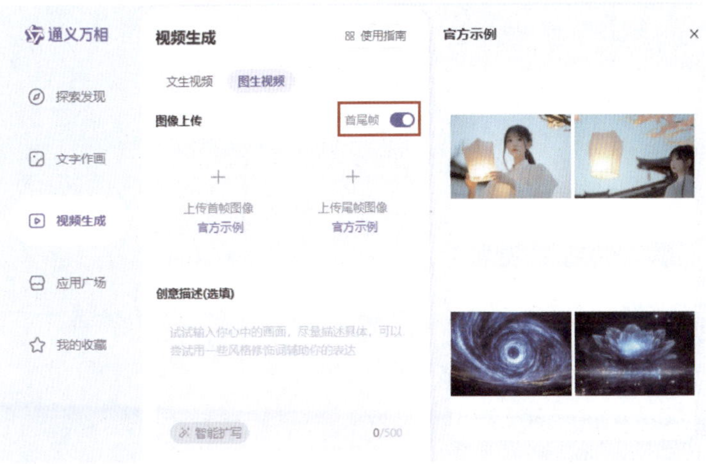

图 5-2-2　通义万相“首尾帧”功能

（二）即梦 AI

即梦 AI 是一个生成式人工智能创作平台，支持通过自然语言及图片输入，生成高质量的图像及视频。即梦 AI 主页功能区如图 5-2-3 所示。

图 5-2-3　即梦 AI 主页功能区

单击“AI 视频”功能区中的“视频生成”按钮，即可进入即梦 AI 的创作区，如图 5-2-4 所示。即梦 AI 提供了多种视频生成模型，这些模型各有特点，有的擅长生成合理的动效，有的可以更精准地响应用户的提示词，可根据实际情况进行恰当选择。

（三）海螺 AI

海螺 AI 支持文本对话、文本转语音、视频生成等功能，其主界面如图 5-2-5 所示。

在主界面上方选择“视频”选项，单击页面中的“即刻尝试”按钮，即可进入海螺 AI 的视频生成工作区，如图 5-2-6 所示。

与即梦 AI 类似，海螺 AI 也提供了多款视频生成模型供用户选择。此外，海螺 AI 还支持“主体参考”模式，如图 5-2-7 所示。用户只需上传一段照片，并添加一段描述，就可以让角色出现在各种场景中。

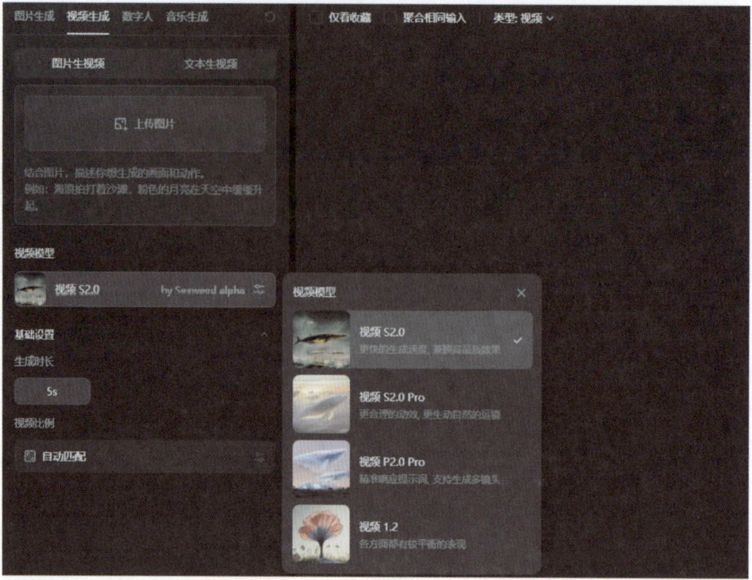

图 5-2-4　即梦 AI 创作区

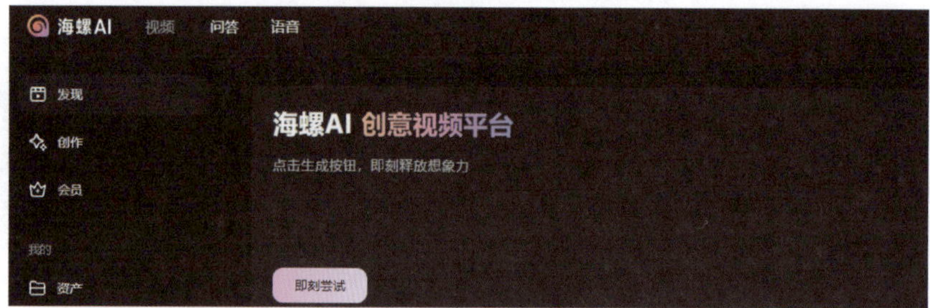

图 5-2-5　海螺 AI 主界面

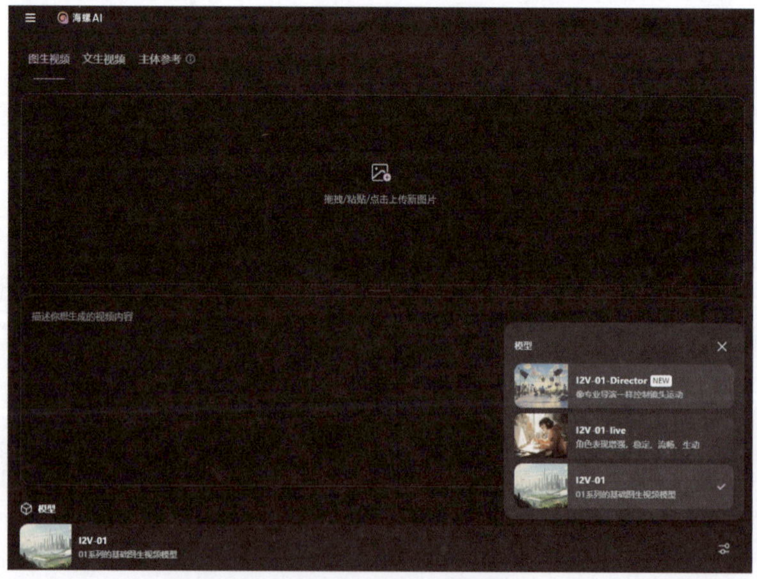

图 5-2-6　海螺 AI 的视频生成工作区

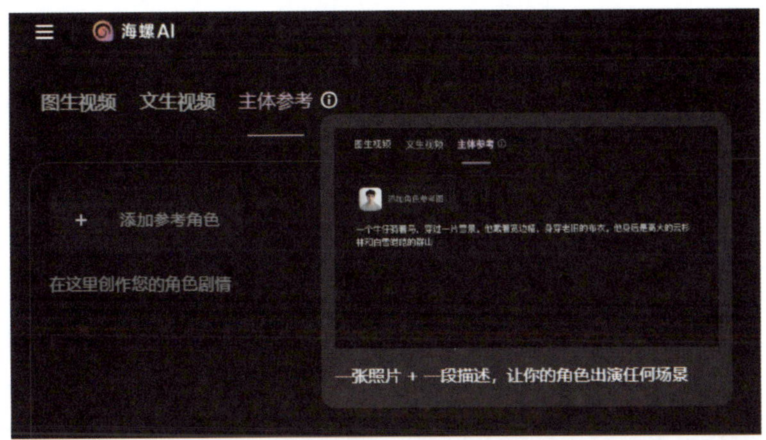

图 5-2-7　海螺 AI“主体参考”模式

你还知道哪些图生视频工具？请列出你知道的其他图生视频工具，尝试对比并总结这些工具之间的共性与特性。

三、图生视频工具的使用要点

（一）使用清晰的图片

图片的清晰度对于图生视频的质量起着决定性作用。清晰的图片蕴含丰富且准确的细节信息，为视频生成提供了基础。当工具对图片进行分析和处理时，高清晰度的图像使工具更易识别图片中的各种元素，如物体的轮廓、纹理、色彩等，从而更精确地为这些元素赋予合理的动态效果。

例如，若要将一张风景图片转化为视频，清晰的图片能让工具准确分辨出远处的山峦、近处的溪流、天空中的云朵等细节，进而生成山峦间云雾缭绕、溪流潺潺流动、云朵缓缓飘动的生动视频。相反，如果图片本身模糊不清，工具在识别元素时就会出现偏差，可能导致生成的视频中物体形态扭曲、动态效果不自然等问题。

因此，在使用图生视频工具时，务必使用清晰的图片。如果原始图片不够清晰，可以借助专门的人工智能图像增强工具先对图片进行处理。这些工具能够通过算法提升图片的分辨率、锐化细节、优化色彩等，使图片达到更适合图生视频的质量标准。经过增强处理后的图片能显著提高图生视频的最终效果。

（二）使用清晰的提示词

在运用图生视频工具时，提示词的清晰度和准确性至关重要。虽然可以选择不写提示词，直接让模型自主操控图片动起来，但这种方式往往难以满足用户的特定需求，生成的视频可能与预期相差较大。

为了获得符合期望的视频效果，建议用户明确自己想动起来的“主体”，并使用一些固定公式编写提示词，如［主体］+［主体运动］+［背景］+［背景运动］。需要强调的是，“主体”是非常重要的，如果提示词不包含主体，可能会出现非常奇怪的不规则运动。

理解图生视频的提示词要求，尝试自己编写几套图生视频的提示词公式。

（三）借助大模型理解图片

在使用图生视频工具的过程中，用户可能并不明确大模型是如何理解自己提供的图片的，或者不确定自己对图片的描述是否符合大模型的判断逻辑。这种不确定性可能导致用户在撰写提示词或设定视频生成参数时出现偏差，最终影响视频的生成效果。

此时，可以借助 AI 大模型先进行识图操作。许多人工智能平台都具备强大的识图功能，用户只需上传图片，大模型就能快速分析图片内容，并给出相应的识别结果和提示。例如，大模型可能会识别出图片中的主要物体、场景类型、色彩特点等信息，并提供一些与图片内容相关的描述建议。

用户通过参考这些识别结果和提示，能够更好地了解大模型对图片的理解方式，从而调整自己的描述和提示词，使其更符合大模型的“思维模式”。

任务实施

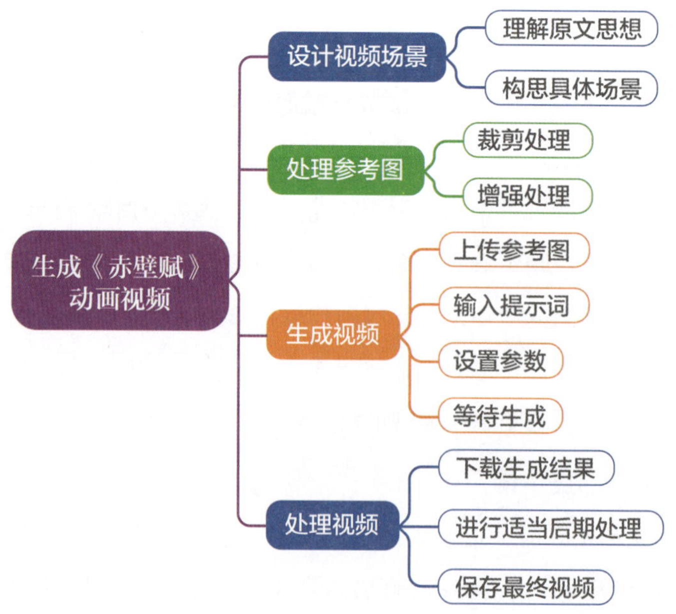

一、设计视频场景

（一）理解原文思想

《赤壁赋》创作于苏轼被贬黄州这一人生低谷时期。此赋以月夜泛舟为背景，通过苏轼与友人饮酒赋诗、主客对话的细腻描写，深刻展现了作者复杂而深沉的思想情感。在生成视频之前，我们应熟悉原文，深刻理解《赤壁赋》的主要思想。只有对原文足够熟悉，才能写出符合原文感情基调的提示词，进而生成更加贴合原文思想的具体场景。

（二）构思具体场景

深刻理解《赤壁赋》原文表达的思想后，便可以根据原文内容构思一系列场景。以下构思了两个基于原文的场景，供参考。

1. 场景一：泛舟赤壁之景

选取“苏子与客泛舟游于赤壁之下。清风徐来，水波不兴”这一经典场景，将其转换为视频画面：明月高悬的秋夜，苏轼与友人乘坐一叶扁舟，漂荡在平静的江面上，清风拂面，船缓缓前行，水面波澜不惊。整体营造出宁静、悠远的氛围，展现出赤壁秋夜的清幽之美，让同学们感受苏轼与友人悠游江上的惬意。

2. 场景二：吹箫客的感慨

以“客有吹洞箫者，倚歌而和之。其声呜呜然，如怨如慕，如泣如诉；余音袅袅，不绝如缕”为蓝本，刻画一位客人在舟中吹奏洞箫的场景，箫声如泣如诉，在寂静的夜空中回荡。通过这一场景，传递出客人内心的哀怨与对人生的感慨，使同学们体会到文中情感的转折与复杂。

你能否根据《赤壁赋》原文的内容，再设计几个场景？

二、处理参考图

（一）裁剪处理

我们以明代仇英的《赤壁图》作为创作的重要参考（见素材库）。这幅画虽然精妙，但原画较长，不符合当前常见的图片或视频比例。因此，我们需要对其进行裁剪。

可借助 Adobe Photoshop 等图片编辑工具或某个智能修图工具，在保留原画的主要内容的前提下，将其裁剪成 16∶9 的常见比例。裁剪后的《赤壁图》如图 5–2–8 所示。

图 5-2-8 裁剪后的《赤壁图》

（二）增强处理

若同学们选择其他图片，且清晰度无法满足视频生成的要求，可结合“项目四”所学知识，借助专门的智能修图工具来提升其画面质量。

三、生成视频

下文以即梦 AI 为演示工具，展示图生视频的全过程。

（一）上传参考图

进入即梦 AI 的创作区后，单击“上传图片”按钮，将处理好的图片上传到即梦 AI 中。

（二）输入提示词

根据构思的情景，编写提示词。例如，选择“泛舟赤壁之景”场景，按照［主体］+［主体运动］+［背景］+［背景运动］公式编写提示词。具体表述如下。

苏轼与友人乘坐小舟，在江面上平稳且缓缓地行驶，船桨有节奏地划动水面。背景是赤壁下宽阔无垠的江面和两岸连绵起伏的山峰。

接着，我们将提示词输入到即梦 AI 中，如图 5-2-9 所示。

（三）设置参数

1. 选择模型

为了让生成的结果更加贴近提示词要求，此处我们选择“视频 P2.0 Pro”模型。

2. 选择生成时间

选择“视频 P2.0 Pro”模型时，即梦 AI 支持生成 5 s 或 10 s 的视频。此处我们选择 10 s。

以上设置如图 5–2–10 所示。

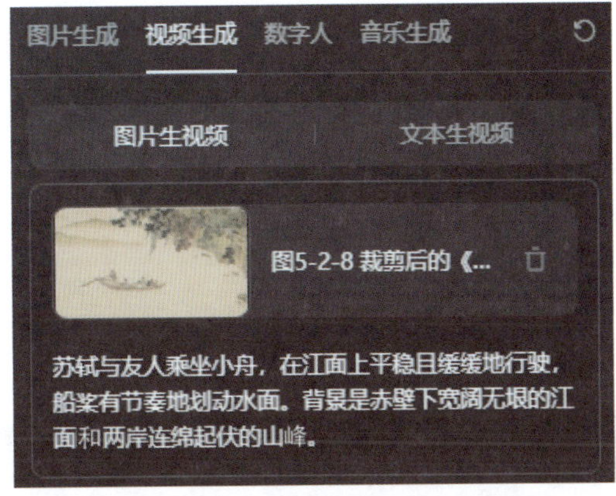

图 5-2-9　输入提示词

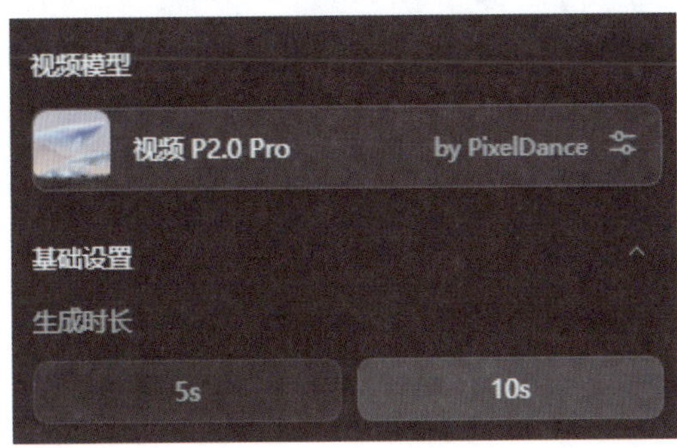

图 5-2-10　设置参数

（四）等待生成

完成上传参考图、输入提示词、设置参数等操作后，单击页面中的“生成视频”按钮，系统便会创建视频生成任务。等待一定时间后，即可得到即梦 AI 生成的视频。等待期间的页面如图 5–2–11 所示。

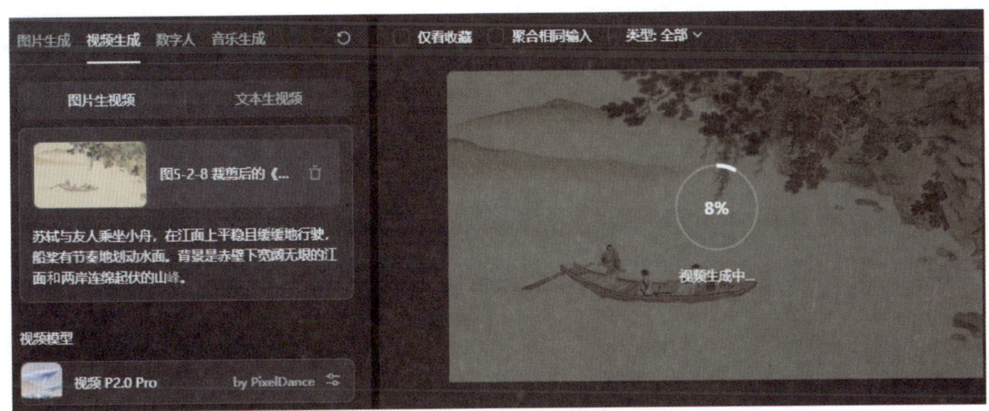

图 5-2-11　等待期间的页面

四、处理视频

（一）下载生成结果

即梦 AI 完成视频生成任务后，我们可直接在页面中对视频进行预览。若对生成效果满意，便可将视频下载到本地。

直接在页面中单击视频，便可进入即梦 AI 的视频预览与编辑界面，在这里，我们可以选择直接发布或下载视频，如图 5-2-12 所示。若有进一步需求，还可以进行补帧、提升分辨率、AI 配乐、重新编辑、再次生成等操作。

图 5-2-12　视频预览与操作界面

（二）进行适当后期处理

对下载到本地的视频，需要进行一系列适当的后期处理，以使其更加符合语文教学的实际需求。可使用专业的视频编辑软件，如剪映、Adobe Premiere Pro 等，对视频进行剪辑、调色、合成等处理。

（三）保存最终视频

完成后期处理后，可以为视频取一个简洁明了且能准确反映其内容的文件名，如“《赤壁赋》教学动画”，之后保存视频。

任务 3　生成数字人视频

任务描述

一、任务情境

学院举办的“智启未来 · 技融梦想”技能节非常成功。为了进一步扩大技能节的影响力，学生会宣传部已经准备了广播稿，制作了宣传片，并计划再制作一条数字人视频，对本次技能节进行全面而深入的介绍。你需要了解技能节从策划到实施的每一个环节，挖掘并总结技能节期间的亮点事件，利用数字人技术，完成这条充满科技感与创意的数字人视频制作工作。

二、任务要求

1. 撰写技能节宣传文案，详细介绍技能节的整体流程，并突出亮点事件。文案结构清晰，语言简练，适合作为数字人视频的字幕内容。

2. 使用数字人生成工具，创建一位形象大方得体、谈吐清晰、使用标准普通话的数字人角色。

3. 使用该数字人角色生成一段播报视频，数字人应根据撰写的宣传文案进行播报，内容准确无误，表达流畅自然。

4. 数字人视频时长不得超过 3 min，画面清晰，数字人表情、动作自然流畅，展现出良好的视觉效果。

三、任务资料

可参考项目三任务 2 的技能节有关资料及个人已完成作品。

任务目标

1. 提升分析总结与文案编写能力，能编写内容完整、结构清晰、特色鲜明的技能节宣传文案。

2. 了解数字人的基本概念和应用场景，认识到数字人在宣传视频中的独特价值。

3. 能主动搜索与熟悉各类数字人工具的功能特点、基本参数和使用方法。

4. 掌握公共模型数字人的使用方法，了解定制数字人的基本步骤，能根据需求定制个性化的数字人。

相关知识

一、数字人概述

数字人是一种融合计算机技术、人工智能、图像处理、语音合成等多学科技术而构建的虚拟实体，旨在全面模拟人类的外观、行为、语言乃至思维，创造出一种具备类人特质的存在。

从外观上看，数字人拥有诸多与人类相似的特征，无论是面部的五官比例、毛发的细腻纹理，还是身体的肢体结构，都力求接近真实人类。在行为表现上，数字人能够精准模仿人类的动作习惯；在语言交流方面，数字人能够理解人类的多样表达，并以自然流畅的方式作出回应。更值得一提的是，数字人在一定程度上还能模拟人类的思维模式，进行逻辑推理、分析判断等操作。这些数字人可以以二维图像或更为逼真的三维立体形象呈现，已在众多领域得到广泛应用。

数字人的作用主要体现在以下几个方面。

（一）提升用户体验

数字人以一种自然、直观的人机交互方式与用户互动，能够为用户提供便捷服务。以数字人客服为例，它能够全天候在线，无论是白天还是夜晚，只要用户有问题需要解答，数字人客服都能迅速响应。与传统人工客服可能存在的等待时间相比，数字人客服能够快速解决用户疑问，极大提升了服务的及时性和质量。

（二）降低运营成本

在客服、教育、咨询等多个场景中，数字人能够有效替代部分人工岗位，从而显著减少企业的人力支出。以数字人客服为例，传统人工客服需要招聘大量员工，并为员工提供培训、办公场地、设备等一系列资源，同时还需要考虑员工的休息、排班等管理问题。而数字人客服一旦投入使用，便能持续不断地工作，无论是面对咨询高峰还是零散的咨询请求，都能高效应对。

（三）创新内容创作

在娱乐和媒体领域，数字人以虚拟主播或虚拟偶像的身份出现，为内容创作带来了全新的思路和模式。虚拟主播凭借其独特的数字形象，能够创造出各种奇幻、夸张的视觉效果，这是传统主播难以实现的。例如，虚拟主播可以瞬间变换场景，从古代宫廷到未来星际空间，为观众带来前所未有的视觉体验。同时，虚拟主播还能实时与观众互动，根据观众的留言和礼物做出即时反应，这种互动性大大增强了观众的参与感。

（四）社交与陪伴

数字人可作为虚拟伴侣，与用户进行日常对话，提供情感支持。一些数字人应用能够模拟朋友的角色，与用户进行贴心交流。例如，当用户感到沮丧时，数字人可以通过温馨的话语安慰用户，分享一些积极向上的故事或建议，帮助用户缓解负面情绪。数字人还可以根据用户的兴趣爱好展开话题，就像真实的朋友一样与用户建立情感联系，从而在一定程度上缓解用户的孤独感或心理压力。

（五）品牌营销与推广

企业可充分利用数字人作为品牌代言人，定制符合品牌形象的虚拟形象。这种定制的数字人可以根据品牌定位、目标受众和品牌文化等因素进行精心设计。数字人还可以参与各种互动营销活动，如线上直播带货、线下品牌活动等。在互动营销活动中，数字人能够有效吸引用户参与，提升推广效果，从而为品牌带来更多曝光度和商业价值。

你接触过数字人客服或者虚拟主播吗？你与数字人的互动体验如何？

二、常用数字人工具

（一）有言

有言是一款一站式 AIGC 视频创作和 3D 数字人生成平台，实现了从内容生成到后期制作的全流程自动化。用户仅需输入文字，即可一键生成高质量的 3D 数字人视频。有言拥有庞大的 3D 虚拟人角色库，包含上千个高质量、超写实角色，用户可以根据自身需求自由选择和定制角色，无须拍摄和真人出镜，即可轻松生成专业级的 3D 视频。

有言的主界面如图 5-3-1 所示。

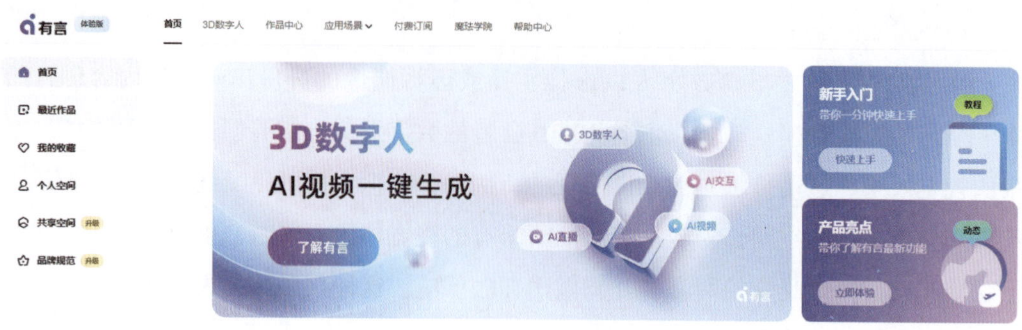

图 5-3-1　有言主界面

（二）蝉镜

蝉镜通过极速克隆技术和高效的内容生产流程，使用户能够快速创建并发布数字人短视频。用户只需上传简短视频和文案，即可生成具有个性化数字人形象的视频内容。

蝉镜的主界面如图 5-3-2 所示。

图 5-3-2　蝉镜主界面

作为一款主打营销创作的工具，蝉镜为用户预置了丰富的场景模板，包括 AI 生背景、公众号文章转口播文案、爆款短视频文案改写等，如图 5-3-3 所示。

图 5-3-3　蝉镜应用商店

（三）腾讯智影

腾讯智影是集素材搜集、视频剪辑、渲染导出和发布于一体的一款 AIGC 工具，能够创建出逼真的虚拟人物形象，适用于视频制作、在线直播等多种场景。用户只需输入文字，即可自动将文本转化为视频内容。

腾讯智影的数字人播报功能入口如图 5-3-4 所示。

图 5-3-4　腾讯智影数字人播报功能入口

你还知道哪些数字人工具？请逐一列举，并对比分析各个工具的特点。

三、数字人工具的使用要点

使用数字人工具时，需要先理解一些特殊概念，并掌握相关使用技巧。下文介绍 3 种不同类型数字人制作工具的使用要点。

（一）公共模型的使用

1. 形象选择

大多数数字人工具都提供了一系列公共模型数字人形象，涵盖不同类型与风格。在使用时，应根据视频的主题与目标受众来选择合适的形象。例如，若制作面向青少年的科普视频，可选择青春活泼、形象可爱的数字人；若制作企业商务宣传视频，则应选择成熟稳重、专业干练的形象，以确保数字人的外观形象与视频内容相协调。

2. 语音设定

公共模型通常配备多种预设语音，包括不同音色、语速与语调选项。用户需根据视频的情感基调和表达需求进行相应调整。比如，在制作轻松幽默的短视频时，可选择语速稍快、语调活泼的语音；而在庄重严肃的企业介绍视频中，则应选用语速适中、语调沉稳的语音，使语音与数字人的形象及视频内容更加和谐统一。

3. 动作与表情

部分工具允许对公共模型数字人的动作与表情进行简单设置，通常提供预设的动作模板，如点头、微笑、挥手等常见动作。在使用过程中，应根据视频内容适时添加合适的动作与表情，以增强数字人的表现力与亲和力。例如，在讲解欢迎语时，可让数字人做出微笑、挥手的动作，给观众带来友好的感觉。

（二）私有形象的定制

1. 形象设计

若公共模型无法满足需求，可进行私有形象定制。首先从面部特征开始设计，包括五官形状、面部轮廓、肤色等，可通过上传参考图片或手动调整参数来塑造出独特的面容。接着考虑发型、服饰等元素，根据视频主题与品牌风格进行设计。例如，为科技类视频定制充满未来感的发型与服装，为传统文化宣传视频设计古典风格的服饰。

2. 动作捕捉与训练

为使定制的数字人动作自然流畅，可借助动作捕捉设备或软件进行动作数据采集。若没有专业设备，部分工具提供基于关键帧的动作编辑功能，通过手动设置关键帧来定义数字人的动作起始、中间过渡与结束状态，从而创建自定义动作。同时，可对数字人的表情进行训练，使其能够根据不同的文本内容与情感表达展现出相应的表情变化，如高兴时微笑、悲伤时皱眉等。

> 你是否有兴趣使用自己的真实形象制作一个数字人？

3. 语音定制

数字人的语音也是可以定制的。通过录制自己的声音样本或使用语音合成技术，生成具有独特音色的语音，可以使数字人的声音与形象更加匹配。在语音定制过程中，应注意语音的清晰度、自然度，以及与视频内容的契合度，确保数字人能够以独特且合适的声音进行内容播报。

（三）文生数字人

文生数字人是一种通过输入文本内容，由工具自动生成数字人的功能。它实现了无拍摄、无模特、无场地即可打造数字人的目标，解决了制作数字人过程中在素材拍摄上的难点。

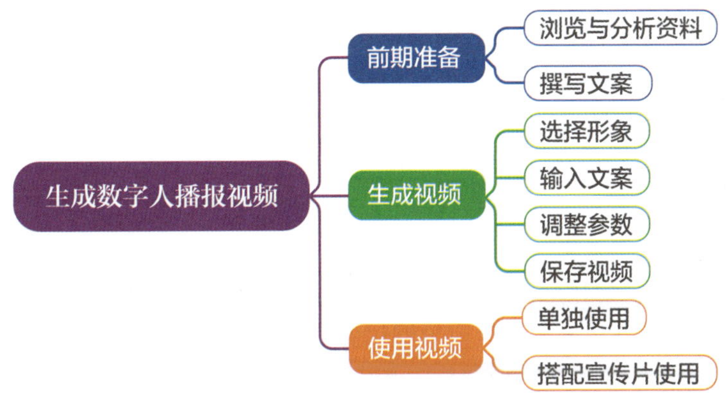

一、前期准备

在前期准备阶段，主要工作是浏览与分析技能节的相关资料，撰写用于数字人制作的文案。

（一）浏览与分析资料

1. 全面搜集资料

广泛搜集学生会宣传部提供的关于本次技能节的各类资料，包括活动策划文档、活动实施过程中的照片、视频记录、参与人员的反馈，以及宣传推广的素材等。确保资料涵盖技能节从筹备初期到活动结束后的各个阶段，为全面了解技能节奠定基础。

2. 深入浏览资料

仔细研读活动策划文档，深入了解技能节的主题设定初衷、预期目标、规划的活动项目和时间安排。通过观看活动实施过程的视频和照片，直观感受活动现场的氛围、同学们的参与热情，以及各个项目的开展情况。同时，认真分析参与人员的反馈，了解大家对技能节的评价和建议，挖掘活动中的亮点与不足之处。

3. 提炼关键信息

从大量资料中提炼出关键信息，梳理技能节从策划到实施的清晰脉络。明确技能节的核心主题“智启未来·技融梦想”在各个环节的具体体现，总结活动中的特色项目、创新举措，以及取得的显著成果等亮点事件，为后续撰写宣传文案提供支持。

（二）撰写文案

1. 确定文案结构

根据技能节的整体流程和亮点，确定宣传文案采用总分总的结构。开头部分点明技能节的主题、举办单位和成功举办的事实，吸引观众注意力；中间部分详细阐述技能节的活动策划思路、具体实施项目，以及活动过程中的亮点事件，按照时间顺序或活动类别顺序进行叙述；结尾部分总结技能节的重要意义，再次强调主题，呼吁大家关注技能节所传递的精神与价值。

请你想一想，这篇宣传文案还可以使用什么结构进行撰写？

2. 详细阐述内容

开头部分以简洁有力的语言引出主题，例如，“在‘智启未来 · 技融梦想’主题的引领下，学院成功举办了一次精彩纷呈的技能节”。

在中间主体部分描述活动策划时，提及学院如何围绕主题进行创新构思，例如，“为了让同学们在实践中提升技能，激发创新思维，学院精心策划了一系列与前沿技术紧密结合的活动项目”。介绍实施项目时，可列举具体项目，例如，“本次技能节涵盖了机械制造、人工智能、数字媒体等多个领域的技能竞赛，同学们在赛场上各展身手，充分展示了扎实的专业技能和创新能力”。对于亮点事件，可着重描述，例如，“其中，人工智能创意挑战赛尤为引人注目，同学们利用所学知识，设计出了具有创新性的智能解决方案，展现了对未来科技的独特理解和探索精神”。

结尾部分总结升华，例如，“本次技能节不仅是同学们技能的展示平台，更是对‘智启未来 · 技融梦想’主题的生动诠释，将激励更多同学在技术领域不断探索前行”。

3. 优化调整语言

对撰写好的文案进行语言优化，确保文字简洁明了、生动形象，符合数字人播报的风格。避免使用过于复杂的句式和生僻词汇，使文案易于理解。同时，注意语句的通顺性和节奏感，通过适当添加连接词和过渡语，使文案内容衔接自然、逻辑连贯。

二、生成视频

下文将以腾讯智影为演示工具，展示生成数字人视频的具体过程。

（一）选择形象

1. 依据主题与受众

基于技能节的主题和目标受众，从腾讯智影提供的公共模型数字人形象中挑选合适的形象。考虑到技能节强调创新、智慧和积极向上的精神，选择一位形象大方得体、充满活力且具有亲和力的数字人。

打开腾讯智影，进入数字人创作界面，在页面左侧单击“数字人”选项，在预置的数字人形象中选择一款符合上述要求的数字人形象，如图 5–3–5 所示。

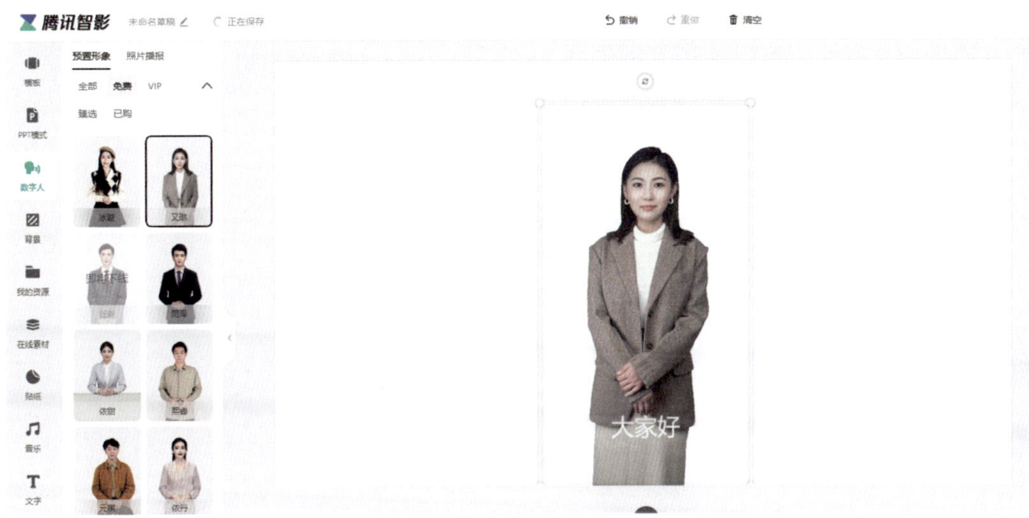

图 5-3-5　选择数字人形象

2. 确认形象细节

初步选定形象后，需要进一步确认形象的细节，如发型、服饰等。可以在工作区右侧输入任意文案，单击页面中央的播放按钮，预览数字人形象的实际效果，如图 5–3–6 所示。

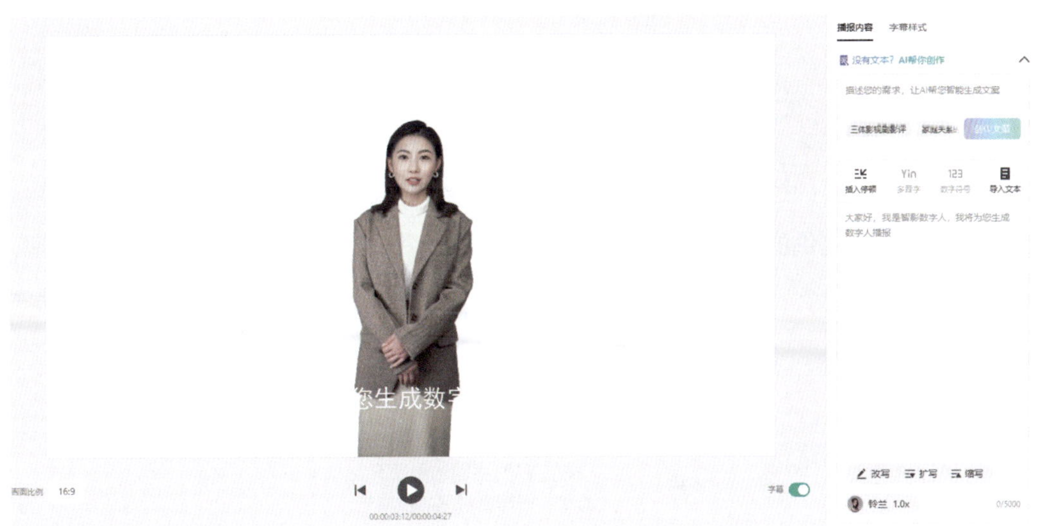

图 5-3-6　预览数字人形象

（二）输入文案

1. 准确录入文本

如果对数字人形象满意，则将撰写好的技能节宣传文案准确无误地输入或导入到工具中。

如果没有准备文案，也可以使用系统提供的 AI 创作功能，只需输入主题，系统便会自动生成文案。也可以使用其提供的 AI 改写、扩写、缩写功能，进一步优化文案，如图 5-3-7 所示。

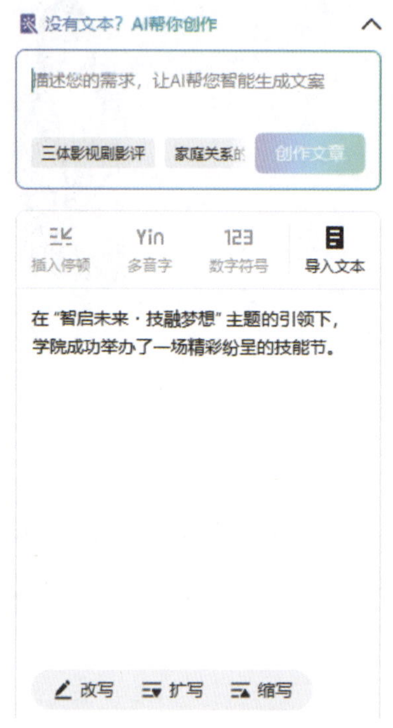

图 5-3-7　AI 写作与优化文案界面

2. 分段与标注

根据文案内容的逻辑结构和数字人播报的节奏需求，对文案进行适当分段与标注。例如，使用系统提供的“插入停顿”“多音字”“数字符号”等功能，对文案进行处理，如图 5-3-8 所示。

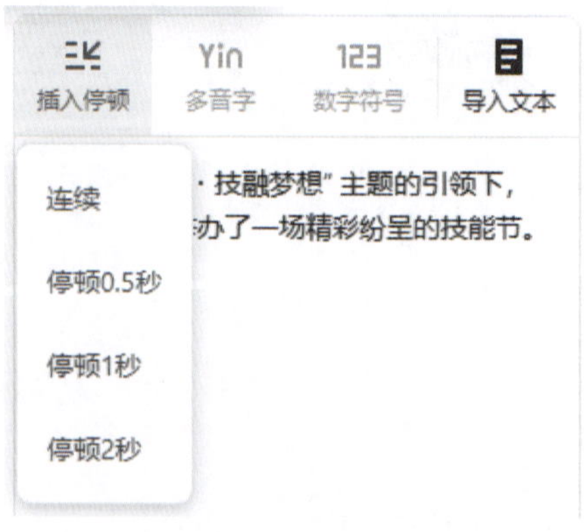

图 5-3-8　分段与标注

（三）调整参数

为了实现更好的效果，让数字人更加符合我们的要求，接下来还需设置一系列参数。

1. 语音

语音涉及音色与语速两个方面。可以在页面 AI 改写、扩写与缩写功能区的下方，单击一个由形象名称加语速组合而成的按钮，如图 5-3-9 所示，进入音色选择界面，如图 5-3-10 所示，按需进行音色选择。

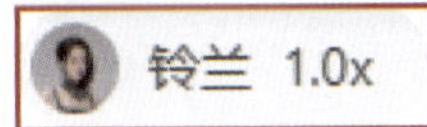

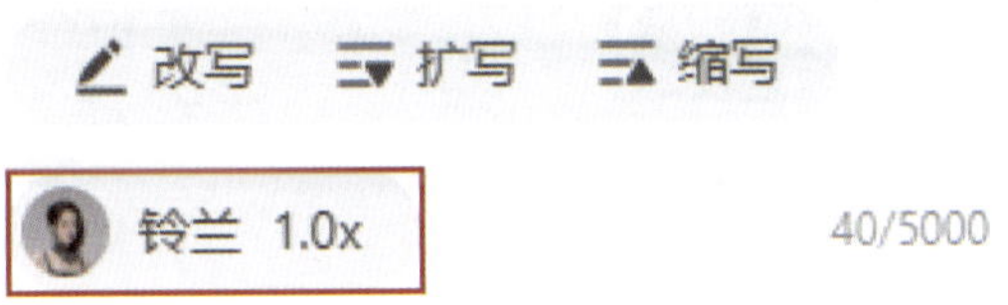

图 5-3-9　音色选择按钮

图 5-3-10　音色选择界面

2. 文字

文字包含字幕样式、装饰性文字和动态标题 3 部分内容。

（1）字幕样式。单击页面右上角的“字幕样式”按钮，可对字幕的字体、颜色、对齐方式、背景色、描边、阴影等参数进行精确调节，如图 5-3-11 所示。

图 5-3-11　设置字幕样式

（2）装饰性文字。单击页面左侧的文字按钮，可根据提示为视频添加“花字”，即艺术字。系统提供了多种预设，可以按需选择，还可以在页面右侧设置“花字”的基本属性，如图 5-3-12 所示。

图 5-3-12　添加“花字”

（3）动态标题。单击“花字”按钮右侧的“文字模板”按钮，可看到一系列动态标题模板，使用这些动态标题模板，能够丰富视频的元素，增加视频的细节，可按需选择，如图 5-3-13 所示。

3. 音乐

单击页面左侧的“音乐”按钮，可以为视频添加音乐。腾讯智影提供了丰富的音乐素材，我们可以按需选择，如图 5-3-14 所示。也可不在此处添加音乐，在数字人视频制作全部完成后，通过剪辑软件将我们自己准备好的音乐与数字人视频进行合成。

图 5-3-13　添加动态标题

图 5-3-14　选择音乐

4. 背景

单击页面左侧的“背景”按钮，可以为视频添加背景，如图 5-3-15 所示。腾讯智影提供了一些背景模板，也支持用户上传更加个性化的背景，还支持使用纯色背景。我们可选择将技能节期间的画面作为视频背景，也可在模板库中选择贴合技能节氛围的图片作为背景。

5. 贴纸

单击页面左侧的“贴纸”按钮，可为视频增加装饰性贴纸。可根据视频基调，选择动态或静态的贴纸，增加视频的细节，提升视频的吸引力，如图 5-3-16 所示。

6. PPT 模式

我们还可以制作技能节介绍的演示文稿，将其上传到腾讯智影中，让演示文稿成为视频背景。系统支持上传 PPT 与 PDF 两种格式的文件，如图 5-3-17 所示。

图 5-3-15 选择背景界面

图 5-3-16 选择贴纸

图 5-3-17 上传 PPT 界面

（四）保存视频

在完成以上步骤后，我们应对数字人视频进行预览，全面检查视频效果。仔细查看数字人的语音播报是否清晰准确，语速、语调是否符合预期，动作与表情是否自然、流畅且与文案内容紧密配合，场景与特效是否与整体风格协调一致。同时，检查视频画面的清晰度、字幕显示是否准确等问题。若发现任何瑕疵或不满意的地方，及时返回相应设置界面进行修改和优化。

确认视频效果满意后，单击页面右上角的“合成视频”按钮，此时，系统会弹出“合成设置”页面，可在此处进行参数设置，确保最终生成的视频符合我们的要求，如图 5-3-18 所示。

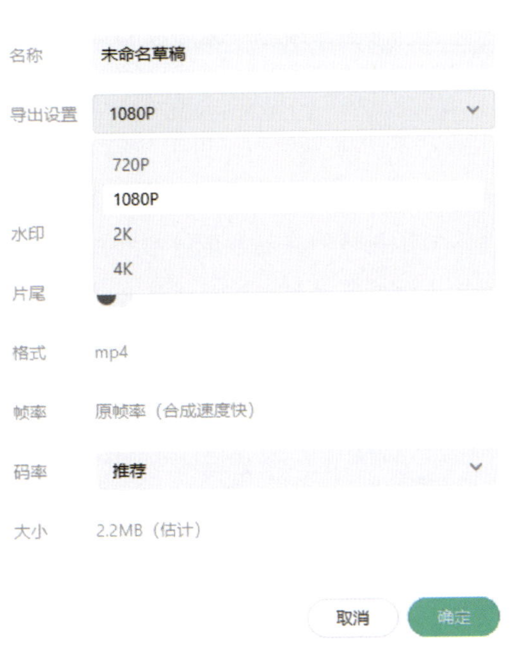

图 5-3-18　合成设置页面

1. 导出设置

在“合成设置”页面中的“导出设置”中，可以选择分辨率。我们应根据实际情况进行选择，一般来说，1 080 P 可满足绝大多数场景下的视频需求；若需要更加高清的视频，可选择 2K 或 4K 分辨率。

2. 其他设置

在“合成设置”页面中，我们还可以对视频名称、水印、片尾、码率等参数进行设置。完成合成设置后，单击“确定”按钮，系统便会进行视频合成任务。等待合成完成后，即可在“我的资源”中将视频下载至本地。

拓展阅读

码率

码率是指单位时间内传输的数据量，单位为比特每秒（bit per second，bps）。它是视频编码的关键参数，反映视频传输或存储时的信息密度，决定视频质量和文件大小。理论上，码率越高，视频质量越高，文件也越大。

1. 码率的作用

（1）码率对视频质量有着直接的影响。较高的码率能够提供更多的细节。在图像方面，使画面更加清晰，色彩过渡更加自然，减少画面中的模糊、马赛克等现象。对于动态画面，高码率有助于减少运动物体的拖影，让视频看起来更加流畅。

（2）码率与视频文件大小密切相关。由于码率表示单位时间内的数据量，因此在视频时长固定的情况下，码率越高，视频文件所包含的数据就越多，文件的大小也就越大。这对于视频的存储和传输都有重要意义。在存储方面，如果设备的存储空间有限，就需要在保证视频质量的前提下，合理控制码率以减小文件大小。在传输方面，较低的码率可以减小传输所需的带宽，适合在网络条件较差的情况下进行视频传输；而高码率的视频则需要更大的带宽才能流畅传输。

2. 选择码率的方式

（1）根据分辨率选择。分辨率是视频图像的大小尺寸，常见的有标清（如 720×576）、高清（如 1 280×720 或 1 920×1 080）、超高清（如 3 840×2 160）等。一般来说，分辨率越高，需要的码率也越高。这是因为高分辨率的视频包含更多的像素点，为了保证每个像素点的质量，就需要更多的数据来描述。

（2）根据视频内容选择。静态画面为主的视频对码率要求较低，而动态画面多、动作复杂（如体育赛事直播）或含大量细节和特效（如科幻电影特效场景）的视频需要较高码率。

（3）根据播放场景选择。本地播放时，不存在网络带宽限制，若设备支持，可选择高码率以获得最佳播放质量。在网络环境下，则需要根据带宽选择合适的码率。在特殊场景下，如公共场所播放时，还要考虑播放设备的性能和观众观看的距离等因素。

三、使用视频

在完成数字人视频的制作后，我们应该对其进行合理使用，最大程度地发挥数字人的作用。

（一）单独使用

1. 多平台发布

我们可将保存好的数字人视频单独发布在学校的官方网站、微信公众号、微博等多个网络平台。

2. 活动宣传

在学校未来举办的各类线下活动，如校园开放日、家长会、职业教育宣传周等活动现场，都可以循环播放数字人视频。通过大屏幕展示技能节的精彩瞬间和亮点事件，向参观者生动直观地介绍学校的教育成果和学生的优秀表现。

（二）搭配宣传片使用

我们可以将数字人视频与之前制作的技能节宣传片进行整合，根据两者的特点和内容，进行混合剪辑，制作出内容更加丰富、全面的宣传视频。

项目小结

通过本项目的学习，你不仅掌握了视频类 AIGC 工具的具体使用方法，还通过“生成短视频”“生成动画视频”“生成数字人视频”这 3 个具体任务，加深了对各种视频类 AIGC 工具的理解，拓展了其在教育、宣传等领域的应用场景。下图为你总结了本项目的主要内容，供你回顾整个项目，总结项目学习成果。

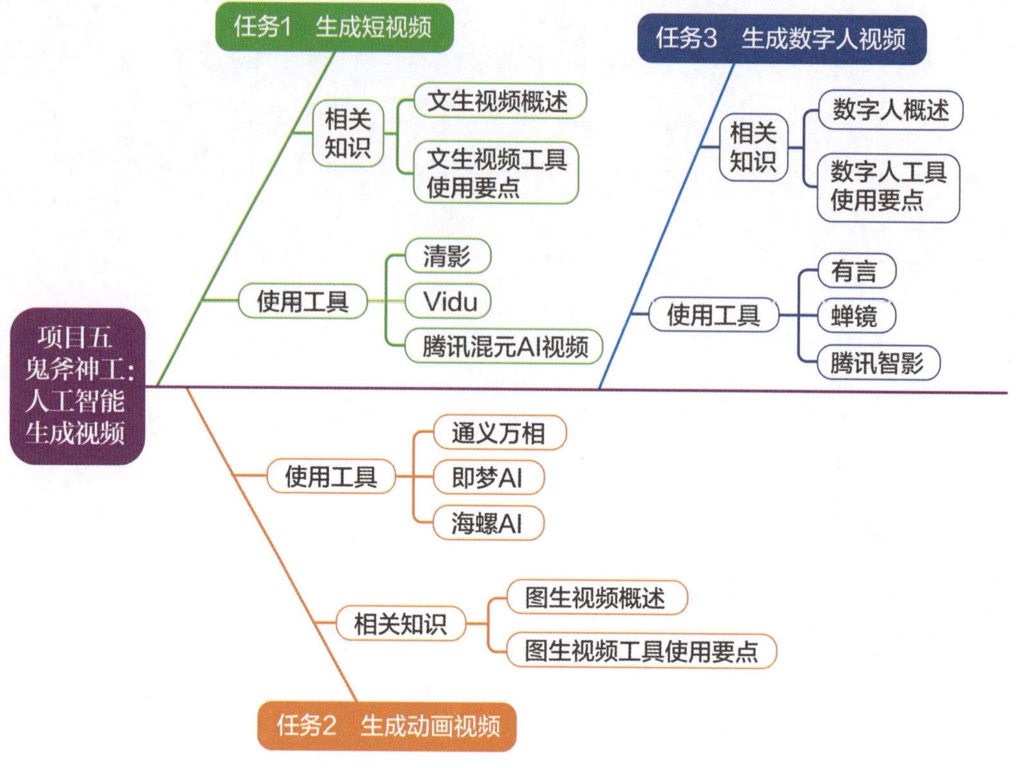

拓展探究

AI 视频换脸

AI 视频换脸是一种基于人工智能技术的创新应用，它能够将目标人物的面部特征实时或后期替换到源视频人物的脸上，同时保持表情、动作和语音的自然同步，生成高度逼真的合成视频。

早期，AI 视频换脸技术主要应用于影视行业，比如在演员无法继续拍摄时，利用这一技术“复活”角色，完成拍摄。随着开源工具和算法的日益普及，其应用场景不断拓宽，已涉及娱乐、社交、广告等多个领域。

AI 视频换脸技术带来的影响是多方面的。

一、正面影响

1. 影视创作革新

在影视行业，AI 视频换脸技术为创作带来了前所未有的便利与创意空间。例如，在一些历史题材影片中，若需要呈现已逝著名演员曾经饰演过的相似角色，通过 AI 换脸技术，可以以较低的成本“重现”其形象，既满足了剧情需求，又向经典致敬。

2.娱乐社交互动增强

在娱乐和社交领域，AI视频换脸成为用户互动的新热点。各类换脸App如雨后春笋般涌现，用户可以轻松地将自己的脸替换成其他人物，制作趣味短视频并分享至社交平台，增加了娱乐性和互动性。

二、负面影响

1.侵犯个人权益

恶意使用者可能未经他人同意，将他人的面部特征替换到低俗、暴力等不良视频中，侵犯他人肖像权的同时，对当事人的名誉也造成严重损害。

2.传播虚假信息

在信息传播领域，通过AI换脸合成的虚假视频可能导致谣言和虚假新闻泛滥。由于合成视频的逼真度高，普通观众难以辨别真伪，容易被视频所传递的信息误导，对社会造成不良影响。

3.引发信任危机

一旦通过AI换脸合成的虚假视频增多，公众对视频内容的信任度将大幅下降。即使是真实的视频，也可能因换脸技术的存在而被质疑其真实性。这种信任危机不仅会影响个体之间的交流，还会对新闻媒体、司法取证等领域的公信力和权威性产生冲击。

课后练习

1. 简述文生视频的基本概念与主要作用。
2. 简述文生视频提示词优化的几个原则。
3. 简述数字人的主要作用。
4. 绘制表格，搜集整理常见的文生视频、图生视频、数字人工具，对比分析各工具之间的差异。
5. 任选一个数字人工具，尝试定制一个私有形象数字人。

项目六
提质增效：人工智能职场应用

项目导读

本项目聚焦人工智能在提升工作效率和优化工作成果方面的关键应用，旨在将生成式人工智能技术的优势融入职场实际任务中。项目任务涵盖生成求职简历、整理会议记录、智能数据分析和生成演示文稿等多个实用维度，既紧密贴合当前企业数字化转型的实际需求，又准确反映了职场环境中对高效、精准工具的迫切需求。

通过本项目的实践，我们不仅能够熟练掌握AIGC工具在职场场景中的具体应用流程，还能在多任务、多情境的工作实践中不断锻炼和提升问题解决能力与创新思维能力，为同学们未来面对复杂多变的工作需求提供有效技术支撑。相信通过本项目的学习，同学们将能够学会如何高效地利用先进技术进行任务产出与决策优化，成为未来职场中的佼佼者。

学习目标

1. 了解常用的职场类 AIGC 工具及其主要功能，理解不同工具中各种参数的具体含义。

2. 掌握常用的职场类 AIGC 工具使用要点，能根据不同工作情境和任务要求，灵活选用合适的工具。

3. 提升使用各种职场类 AIGC 工具完成任务的基本能力，培养创新思维，能独立高效地完成具有一定复杂性的职场任务。

任务 1　生成求职简历

任务描述

一、任务情境

实习不仅是我们将理论知识应用于实践的重要途径，更是深入了解行业、企业和职业的宝贵机会。通过实习，我们能够积累实际工作经验、提升专业技能、建立职场人脉，这些都有助于未来的职业发展。作为一名即将开始实习的学生，为了在众多的求职者中脱颖而出，你准备制作一份完备的求职简历，用来申请实习岗位。

二、任务要求

1. 回顾并总结在校期间的学习生活经历，分析自身的优势与不足，选择合适的简历生成工具，制作一份求职简历。

2. 简历内容应紧密围绕目标实习岗位，突出展示自身专业知识、实践经验、核心技能和个人优势。

3. 根据个人实际情况对简历进行细致校对并优化，确保信息准确无误、表达清晰流畅、逻辑结构严谨，能够全面展示自身竞争力，满足实习岗位的申请要求。

三、任务资料

自备。

任务目标

1. 通过梳理在校学习成果和实践经历，完成自我回顾与评估，明确个人职业定位和发展规划。

2. 能自主搜索适合的简历生成工具，熟练掌握这些工具的使用方法，生成符合求职需求的简历。

3. 能主动对生成简历的内容进行判断和修改，提升人机协同能力。

相关知识

一、简历概述

简历是一种专门为求职而设计的书面文件，在求职者与用人单位、招聘机构之间充当着极为关键的沟通桥梁，是用人单位评估候选人是否符合岗位要求的主要工具。

制作简历通常是求职过程中的第一步。一份完备的简历不仅要简明扼要地呈现个人的学习、职业经历和能力，而且应根据不同职位的需求进行定制化表达，突出与应聘岗位相关的核心竞争力。

（一）简历的内容

一份完整的简历包含多个重要部分，每个部分都承载着特定的信息，在向用人单位展示求职者全貌方面发挥着重要的作用。简历的基本内容见表 6–1–1。

表 6–1–1 简历的基本内容

序号	板块		基本说明
1	个人基本信息	姓名	真实、准确
		性别	真实、准确
		年龄	真实、准确
		联系方式	真实、准确。除电话号码外，一般还应包括电子邮箱地址
		其他	所在城市、当前工作状态等
2	求职意向	行业	希望从事的行业
		岗位	希望从事的岗位
		薪资	希望获得的薪资水平
		城市	希望工作的城市
		工作形式	全职或兼职形式
3	教育背景	学校	接受教育的学校
		时间	在各学校的求学时间
		形式	接受教育的形式，如全日制
		学历	取得的学历
		学位	取得的学位

续表

序号	板块		基本说明
3	教育背景	专业	所学专业
		主要课程	所学主要课程
		成绩	学分、年级排名等
		荣誉	奖学金等
4	工作经历 / 实习经历	行业	之前工作 / 实习所在的行业
		公司	之前工作 / 实习所在企业的具体名称
		岗位	之前工作 / 实习所处的岗位
		职级	之前工作 / 实习所处的职级
		时间	之前工作 / 实习从入职到离职的准确时间
		工作职责	之前工作 / 实习所承担的工作职责
		工作成果	之前工作 / 实习所取得的工作成果
		薪资水平	之前工作 / 实习所获得的薪资情况
		离职原因	从之前工作岗位离职的原因
5	专业技术水平	技能特长	所具备的技能特长
		技能证书及等级	所取得的职业资格证书及等级
		职称	所获得的各层级职称
6	爱好与性格	爱好	自身业余爱好
		性格	自身性格特点
7	自我评价	优缺点分析	分析自身优缺点
		软实力介绍	介绍自身软实力

（二）简历的作用

简历在求职过程中发挥着多方面的重要作用，这些作用贯穿于求职的各个环节，从吸引用人单位注意到最终与用人单位建立有效的沟通。

1. 求职的敲门砖

简历无疑是求职者进入职场的第一道门槛，是求职者获得面试机会的重要前提。用人单位在招聘过程中往往会收到大量简历。面对众多的求职者，用人单位只能通过简历来进行初步筛选。一份精心制作、清晰展示自身优势和与岗位适配度的简历就像一块强有力的敲门砖，能够吸引用人单位的注意，促使用人单位愿意对求职者进一步地了解。只有成功通过简历筛选这一关，求职者才有机会进入下一轮的面试环节。

2. 展示个人能力与价值

简历为求职者提供了一个展示自己的平台。通过这个平台，求职者可以将自己的教育背景、工作经验、技能特长等多方面的能力和价值充分地展现给用人单位。

例如，从教育背景来看，求职者的学历层次、所学专业等信息能够反映其在知识体系方面的构建情况，这在一定程度上预示着求职者在未来工作中可能具备的学习能力和专业发展潜力。工作经验部分则直接体现了求职者在实际工作中的能力和业绩。丰富的工作经验意味着求职者在应对各种工作场景、解决工作中的问题时可能具备更多的方法和技巧。技能特长展示了求职者在特定领域的专长，表明求职者能够在相应的工作领域发挥独特作用。

3. 建立用人单位与求职者的初步沟通

简历作为用人单位与求职者初步沟通的重要桥梁，一方面帮助用人单位通过求职者展示的学历、工作经历、技能等信息迅速甄别其是否符合岗位要求，另一方面也使求职者得以传达求职意向和职业预期，从而在招聘初期实现双方需求的高效匹配。

> 你制作过简历吗？你是使用哪种工具、如何制作简历的？

知识链接

招聘的基本流程

了解招聘的基本流程有助于我们理解企业的业务运行逻辑，更加深入地理解简历的作用。企业招聘是一个系统且严谨的过程，旨在为企业选拔最合适的人才。招聘的基本流程一般包括以下 7 个环节。

1. 明确招聘需求

企业依据自身战略规划，如拓展新业务领域、提升市场份额等，结合各部门实际工作负荷与未来业务发展需求，确定所需招聘的岗位、人员数量及任职要求。

2. 制订招聘计划

根据招聘需求，选择合适的招聘渠道，如内部晋升、招聘网站、校园招聘或猎头服务等。同时，明确招聘时间表，确保人才能够及时到岗。

3. 发布招聘信息

撰写吸引人才的招聘启事，突出岗位亮点、公司优势及发展机会，清晰阐述岗位职责与要求。然后，选择匹配的发布平台，如综合性岗位可在大众招聘网站发布，专业性强的岗位可在行业论坛或专业招聘平台发布，以增加信息曝光度与精准度。

4. 筛选简历

对收到的大量简历依据岗位标准进行初步筛选。快速浏览学历、工作经验等基本信息，筛除明显不符合要求的候选人；再通过关键词匹配，查找与岗位技能、经验相关的表述；最后详细分析工作成果、项目经验等细节，选出符合要求的候选人进入下一环节。

5. 人员选拔

运用多种方式全面评估候选人。笔试考查专业知识与技能，如程序员考查编程能力，会计考查财务知识。采用适宜的面试形式。结构化面试保证公平客观，半结构化与非结构化面试则用于深入了解候选人的综合素质与应变能力。此外，还可借助心理测试了解候选人的性格与职业匹配度，通过情景模拟考查其实际工作能力。

6. 录用决策

完成选拔后，招聘团队综合各项评估结果做出录用决策。确定录用人员后，及时发放录用通知，包括岗位、薪资、报到等关键信息。

7. 入职办理与跟进

新员工报到时，协助其办理相关手续，如签订合同、录入信息等。开展新员工培训，介绍公司文化、业务流程与规章制度。在试用期间，密切关注新员工的工作表现，给予指导与考核，从而帮助新员工顺利融入企业。

二、常用简历生成工具

下文介绍 3 种常用的简历生成工具。

（一）神笔简历

神笔简历支持 AI 一键生成简历、AI 岗位面试预测、AI 职场问题解答等功能，其主界面如图 6-1-1 所示。单击“AI 一键生成简历”按钮，可进入“AI 智能简历”功能页面，用户可在此处选择“角色”“求职意向”“简历模块”等选项，一键生成简历。

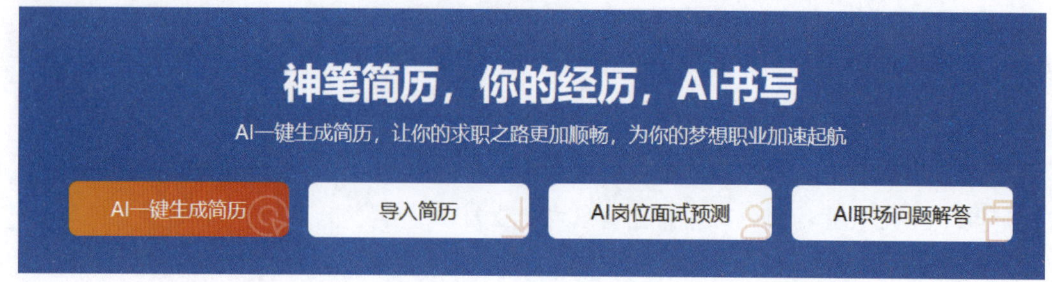

图 6-1-1　神笔简历主界面

（二）职徒简历

职徒简历是一款专业的简历制作工具，它提供丰富的简历模板和范文，覆盖多种求职场景和行业。

职徒简历将人工智能技术应用到简历智能优化方面，可以从完整度、技能值、匹配度、经验值、教育背景、表现力等多方面对简历进行专业测评，并提出优化建议，从而提升简历的竞争力，如图 6-1-2 所示。

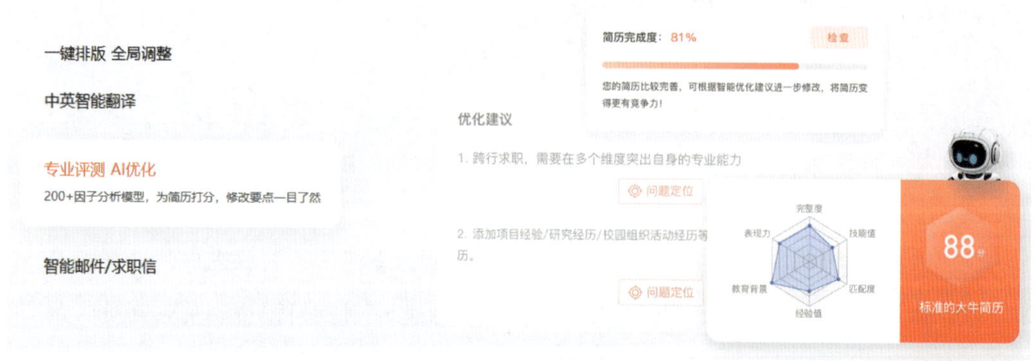

图 6-1-2　职徒简历的 AI 优化功能

（三）未来简历

未来简历主界面如图 6-1-3 所示。用户不仅可以免费定制专业简历，还可以利用该工具对简历进行智能分析、内容定制优化、自动排版重构、质量评估修改等操作，从而提升简历的质量，使简历更加精美、专业，如图 6-1-4 所示。

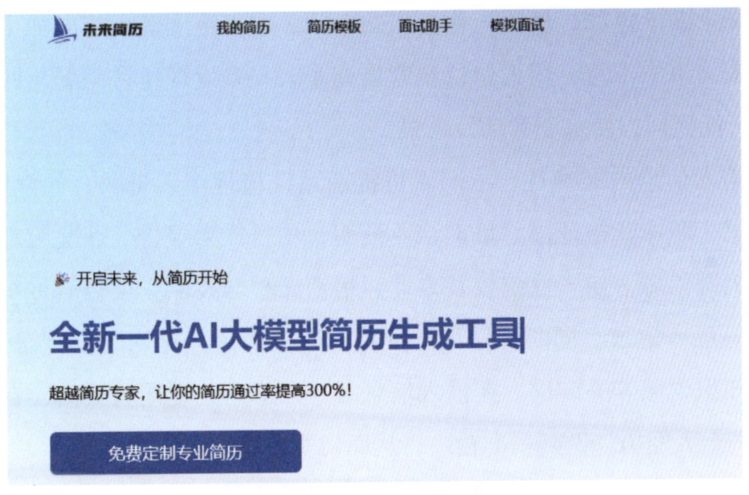

图 6-1-3　未来简历主界面

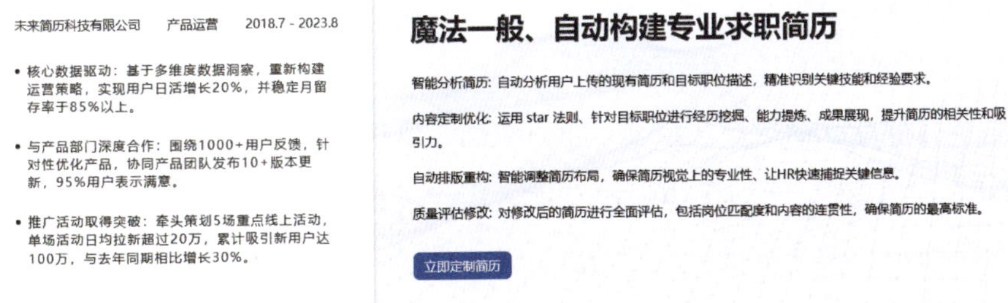

图 6-1-4　未来简历的主要功能

你还知道哪些常用的简历生成工具？请与同学交流、讨论。

三、简历生成工具的使用要点

（一）输入准确信息

使用简历生成工具时，精准输入信息是基础。输入准确、真实、全面的信息，可确保生成的简历与求职者自身情况高度相符，同时紧密契合目标岗位需求。一方面，工具会根据输入的信息，通过算法筛选并突出关键技能、经验与成就，精准定位岗位适配点；另一方面，准确翔实的信息也体现出求职者严谨负责的态度，有助于招聘者快速、全面地了解求职者的能力水平，为后续环节奠定良好基础。

若输入信息存在偏差或虚假内容，可能会导致诸多不良后果。例如，应聘技术岗位时，求职者若误填或夸大自己掌握的实际技能，面试环节一旦涉及实操或深入技术探讨，真实水平就会暴露无遗，不仅会错失入职机会，还可能被招聘方列入诚信黑名单，影响未来求职。再如，填写工作经历的时间、职责范围等内容时如出现疏漏，导致前后矛盾或与事实不符，用人单位在背景调查时一旦发现这些问题，即便已发放录用通知，也可能撤回，使求职者功亏一篑。

为确保输入信息的准确性，求职者可提前系统梳理个人资料，如学历学位证书、技能水平证书、职业资格证书、培训结业证明、项目成果报告、获奖荣誉证书等，将其中涉及的关键信息，如毕业院校及专业、培训课程与技能、项目名称与成果、奖项名称与等级等逐一记录。同时，仔细研读目标岗位描述，提炼岗位所需的核心技能、经验年限、知识领域等关键词。在输入信息时，以这些关键词为导向，有针对性地呈现与之匹配的个人经历，做到精准输出，从而切实提高求职成功率。

（二）搭配其他工具

简历生成工具虽然功能强大，但与其他工具搭配使用，能进一步提高简历质量，助力求职者脱颖而出。

1. 使用排版软件，优化简历外观

专业的排版能让简历层次清晰、重点突出，给招聘者留下良好的视觉印象。例如，Adobe InDesign 具有精确的排版控制功能，用户可根据需求灵活调整字体、字号、行距、段距等细节，使文本布局疏密适宜；Word 作为常用办公软件，其自带的模板与样式功能也能帮助求职者快速打造简洁规范的简历格式。

2. 使用语法检查工具，避免简历出现低级错误

许多办公软件都内置了语法检查功能，如 Word 的“拼写和语法”工具。这类工具能够精准识别拼写、语法、标点等错误，并提供修改建议，确保简历语言表达准确无误。

3. 使用数据分析工具，为优化简历内容提供数据支持

数据分析工具可以帮助求职者分析行业趋势、岗位需求热点，进而有针对性地调整简历侧重点。例如，在求职数据分析岗位时，求职者利用数据分析工具对招聘信息大数据进行可视化分析发现，当前企业对 Python 编程、数据可视化技能需求迫切，于是在简历中着重突出了相关项目经验与技能成果，由此大大提高了简历与岗位的契合度，吸引了招聘者的注意，从而获得了更多面试机会。

（三）保护个人隐私

使用简历生成工具时，保护个人隐私极为重要。从使用者角度来看，保护隐私可从多方面入手。首先，应选择正规、信誉良好的简历生成工具，查看其是否具备完善的隐私政策和安全防护机制。其次，使用前务必仔细阅读隐私条款，了解信息搜集、

使用、存储和共享的具体规则，对于不明确或不合理之处及时与平台沟通。再次，谨慎提供敏感信息，非必要情况下不输入身份证号等敏感信息，以防万一。最后，定期清理使用记录，如删除本地缓存的简历文件、退出登录账号等，减少信息残留风险。

使用简历生成工具时，还要注意哪些问题？请与同学交流、讨论。

任务实施

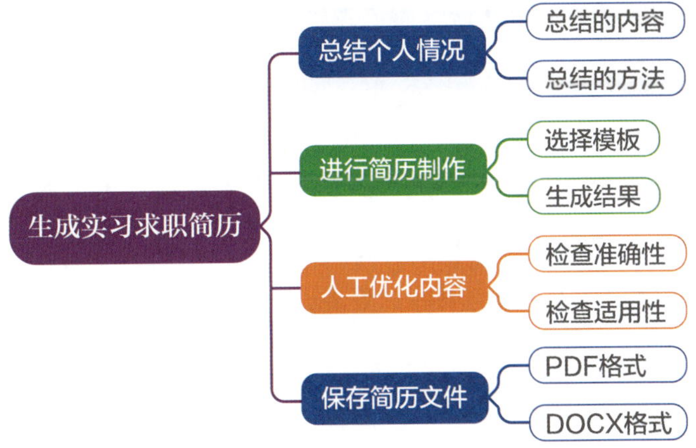

一、总结个人情况

开始制作简历前，应对个人情况进行全面总结，根据制作简历所需的内容，盘点个人在教育背景、工作情况等方面的信息。

（一）总结的内容

需要总结的内容与常规简历所需求的信息是紧密相关的。一份常规的简历往往包括个人基本信息、求职意向、教育背景、工作（实践）经历、项目经历、个人技能、所获证书、个人爱好、自我评价等方面的内容。因此，总结个人情况时，也应涵盖上述信息。

（二）总结的方法

1. 全面梳理

全面梳理是对个人过往的所有经历展开全方位回顾。可通过查阅过往证书、工作成果、学习笔记等资料，确保关键信息无遗漏。以整理实习或工作经历为例，除查看劳动合同外，还应回溯工作期间参与的项目文档、工作报告等，将所有关联的工作成果与职责详尽整理出来。

2. 重点突出

在全面梳理的基础上，精准定位个人亮点与重点内容。例如，在校成绩优异、积极参与社团活动、有丰富的实习经验等，这些都是能够突出个人优势的方面。

3. 分类整理

将总结所得的内容按照基本信息、教育背景、工作经历、技能水平等类别进行分类整合。这样操作可以使简历的结构更加清晰，避免信息的杂乱、无序。

二、进行简历制作

完成对个人情况的全面总结后，便可开始进行简历制作。下文将展示使用未来简历制作求职简历的主要过程。

（一）选择模板

登录未来简历官网，单击“免费定制专业简历”按钮，进入简历模板选择界面。以应聘“服装设计师”实习岗位为例，我们可在“经验”选项下选择“实习生”，在“职业”选项下选择“设计”分类下的“服装设计师”，然后选择一款合适的模板，单击“立即制作”按钮，即可进入简历创建界面，如图 6–1–5 所示。

图 6–1–5　选择模板

在简历创建页面，我们可以上传已有简历，然后使用未来简历的 AI 优化功能对已有简历进行优化，也可以单击“创建一份空白简历”，先根据模板生成一份不含具体内容的简历，再做进一步编辑，如图 6–1–6 所示。

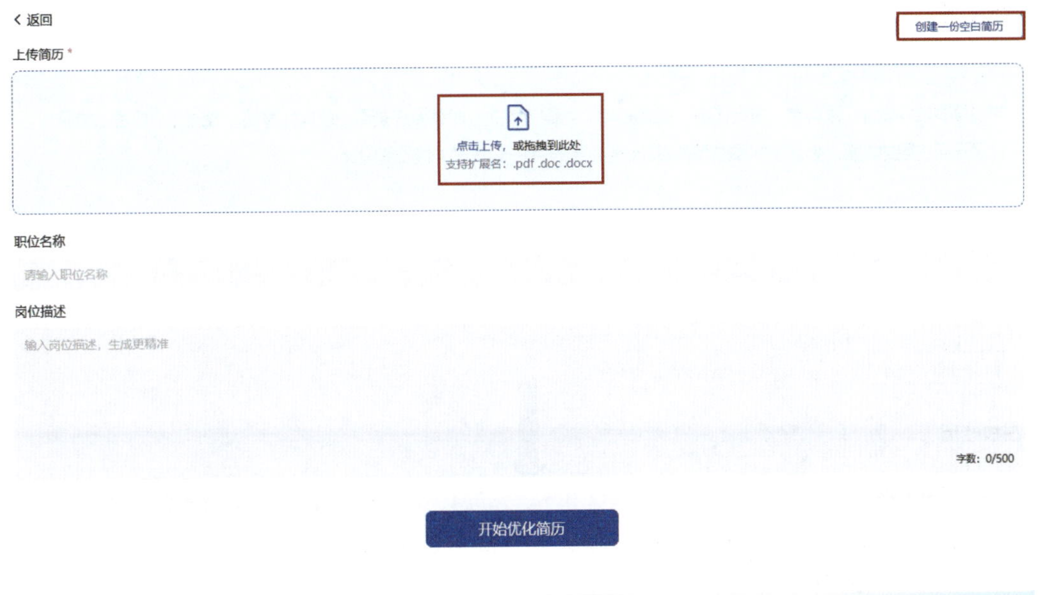

图 6-1-6　简历创建页面

此处我们选择“创建一份空白简历”，然后根据自身实际情况，在界面左侧对个人信息进行编辑，编辑结果会在界面右侧实时同步，如图 6-1-7 所示。

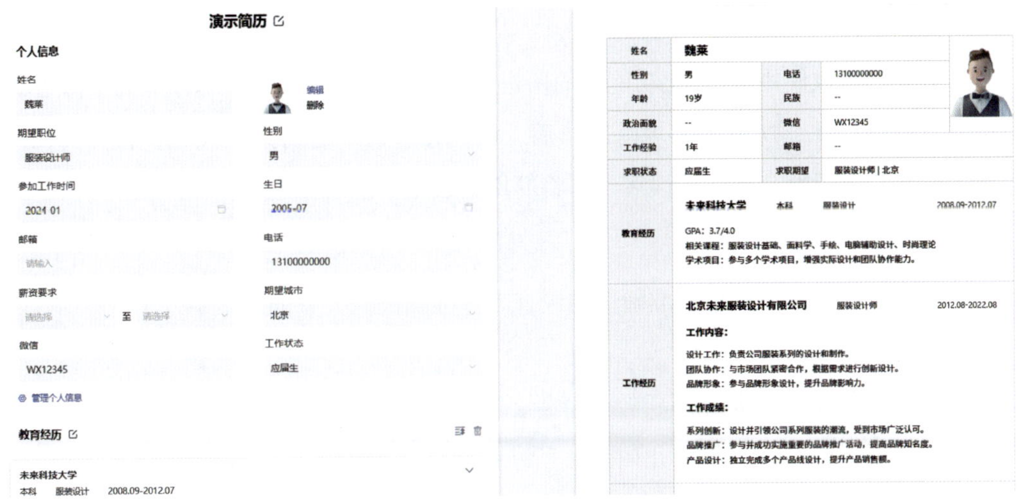

图 6-1-7　信息编辑界面

（二）生成结果

接着，我们可使用“一键 AI 优化”功能对简历内容进行优化。以优化“在校经历”为例，AI 优化前后的内容如图 6-1-8 所示。可以发现，经过 AI 优化后，“在校经历”部分的内容更加清晰，呈现了结构化输出的特点。

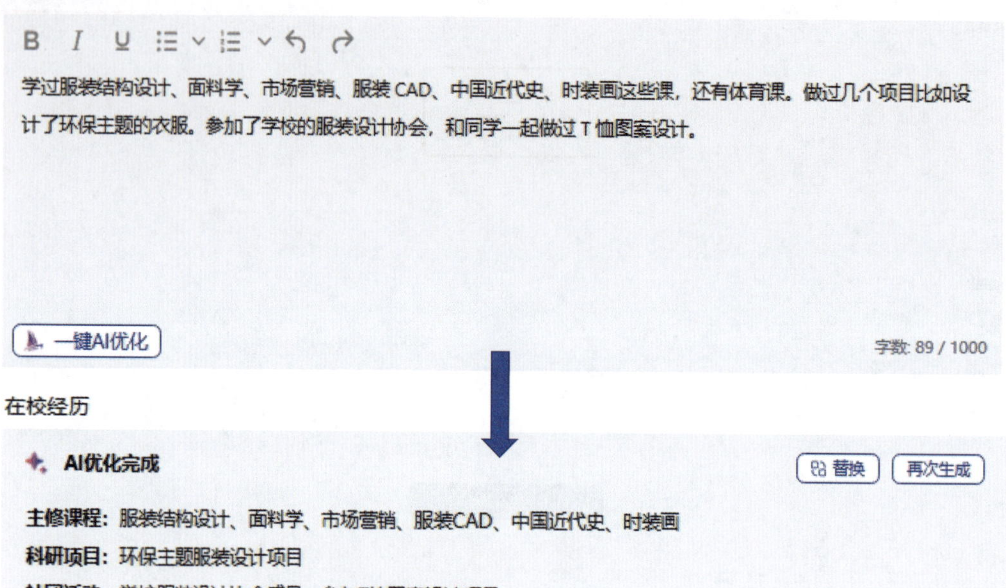

图 6-1-8 AI 优化前后内容

三、人工优化内容

虽然我们可以使用 AI 优化功能对简历进行一定程度上的优化，但有些工作仍是 AI 难以胜任的。因此，所有内容填写完毕后，我们还应着手进行人工优化，检查简历内容的准确性与适用性，确认无误后，再将简历下载至本地。

（一）检查准确性

检查准确性包含检查事实准确性与检查表述准确性两大方面。

1. 事实准确性

对简历中涉及的个人经历、教育背景、实习经历和工作成果等事实性信息进行细致的核实。要确保诸如工作起止时间、所获成果的具体数据等信息准确无误。在学历相关信息方面，需确认毕业院校名称、专业名称、技能证书及等级等信息准确无误。此外，要逐一核对所列举的项目经验、培训经历等是否真实可靠，杜绝夸大或虚构。

2. 表述准确性

对简历的语言表述进行严格审查，防止出现语法错误、错别字，以及标点符号使用不当等问题。要确保句子结构完整，逻辑严谨清晰，用词精准恰当。对于专业术语的使用，务必遵循规范，避免自行创造词汇或者使用语义模糊的表述。在涉及需要量化描述的部分，如工作业绩、技能水平等，要保证数字的准确性和前后表述的一致性。

（二）检查适用性

1. 岗位适用性

依据应聘岗位的具体要求，评估简历内容与岗位需求的匹配度。着重突出与目标岗位直接相关的工作经验、技能和成就，对与目标岗位关联不大或属于次要的信息进行删减或弱化处理。

2. 行业适用性

不同行业在人才需求和关注重点方面存在差异，需要根据行业特点对简历的侧重点进行调整。同时，要深入了解行业特定的术语和规范，并在简历中准确运用，有助于展现应聘者的专业形象。

四、保存简历文件

（一）PDF 格式

PDF 格式是保存简历时的常用选择。这一格式能够精确保持文档的格式和布局，确保在任何设备上打开时都能呈现出完全一致的视觉效果，避免因软件版本差异或操作系统不同而导致的格式错乱。这种跨平台的一致性保证了简历在不同设备间传递时的稳定性和可靠性。此外，PDF 文件具有较高的安全性，不易被随意修改，能够有效保障简历内容的完整性和准确性，防止在传递过程中被他人恶意篡改。

（二）DOCX 格式

DOCX 是 Word 的默认格式，如果计划在后续对简历进行进一步的编辑和修改，可选择 DOCX 格式。

任务 2　整理会议记录

一、任务情境

现在，你已经进入心仪的企业实习，成为该企业某跨部门团队的实习助理，开始为期两个月的实习生活。你接到的第一个任务是根据部门负责人交给你的会议录音文件，迅速整理出会议记录。部门负责人建议你使用合适的 AIGC 工具辅助完成这一任务，以提升工作效率。

二、任务要求

1. 选择合适的音频转写工具，快速完成会议记录的整理工作，并将其发送给部门负责人审阅。

2. 确保会议记录内容完整、表述准确、条理清晰、易于理解，能够真实反映会议的全貌和重点。

3. 会议记录的格式需准确，排版要规范，并符合所在企业的内部标准和管理规定。

三、任务资料

× × 企业会议记录管理规定（见素材库）。

任务目标

1. 能对会议录音进行分析和总结，识别其中可能存在的问题。

2. 选择合适的音频转写工具，快速、高效地完成会议记录的整理工作。

3. 熟悉会议记录的相关管理规定，能够按照企业的具体要求，对会议记录进行排版和优化。

相关知识

一、音频转写概述

音频转写是指将语音或音频文件中的内容转化为文本形式的过程，涵盖录音、采访、会议、讲座、语音留言等多种音频类型。其核心在于实现从语音到文本的转换，为音频内容提供详细记录与归档。

以往，音频文件的文本化主要依赖手动转写方式完成，虽然准确性较高，但耗时较长，效率较低。如今，依赖人工智能技术中的语音识别技术，可以通过先进的算法和模型，将音频中的语音内容自动转写为文本。近年来，随着深度学习和自然语言处理领域的进步，自动转写技术发展迅速，它具有高效性和可扩展性，但其准确性会受到音频质量、语音清晰度和背景噪声等因素的影响。

（一）音频转写的主要原理

音频转写主要是基于语音识别技术实现的。语音识别系统的核心是将声音信号转换为可处理的文本内容。这项技术至少涉及以下 5 个方面的内容，见表 6-2-1。

表 6-2-1　音频转写的主要原理

序号	原理名称	原理解释
1	声学模型	声学模型的作用是将音频信号中的声音特征与语言单元（如音素、音节等）进行关联。模型通过大量的语音数据训练，能够识别音频中的声音特征，并将其与语言单位进行匹配
2	语言模型	语言模型负责预测文本序列中的词语关系，它通过概率统计学习语言中的词汇和句法规律，帮助语音识别系统提高对口音、噪声、同音异词等问题的处理能力
3	特征提取与信号处理	在音频信号转为文字之前，先要对音频信号进行特征提取，通常包括对声音波形的分帧、窗函数处理、频谱分析等步骤，从中提取出能够有效表征音频内容的特征向量
4	深度学习与神经网络	自动语音识别系统通常采用深度神经网络、长短时记忆网络等技术来增强语音识别的准确度。通过大量语料的训练，神经网络能够处理音频中的变异性，并有效地输出高质量的文本
5	后处理	音频转写的最终文本结果通常需要进一步的后处理，比如拼写校正、去除无关噪声、添加标点符号等，以提高文本的可读性和准确度

（二）音频转写的应用场景

音频转写技术在现代社会的各行各业中均有着日益广泛的应用。

1. 会议记录与企业管理

在会议中产生的大量讨论信息，通过转写技术可迅速转换为文本，便于存档、检索和分发。尤其在大规模或多方参与的会议中，能显著提高效率并确保关键信息不遗漏。

2. 医疗行业

医生在诊疗过程中需要记录患者症状、诊断结果及治疗方案，可通过转写自动生成电子病历，有效提高病历记录效率。

3. 法律行业

庭审或法律咨询中产生的语音记录，可通过转写技术快速生成庭审记录或案件文档。

4. 教育行业

在课堂和线上教学中，教师的讲解及师生讨论可转写为文本，便于学生课后复习。

此外，在口语考试中应用语音转写技术，可用于自动评分，提升评分效率。

5. 新闻媒体

记者采访或录制的视频、音频内容经过转写后，可迅速形成采访记录和新闻稿。尤其在紧急事件报道中，能有效缩短新闻发布周期。

6. 客服与客户支持

客服中心通过转写技术能快速提取电话录音中的关键信息，便于后续数据分析和反馈处理，从而提升服务响应速度和质量。

7. 媒体字幕与翻译

在各类媒体视频中，转写技术能自动生成准确的字幕，同时为多语言翻译提供技术支持。

你平时会使用哪些工具进行音频录制？

二、常用音频转写工具

下文介绍 3 种常用的音频转写工具。

（一）通义效率

通义效率是通义下的人工智能工具，具备多种功能，旨在为用户提升工作、学习和生活效率。单击通义主页面左侧的“效率”按钮，即可进入“通义效率”页面，如图 6-2-1 所示。

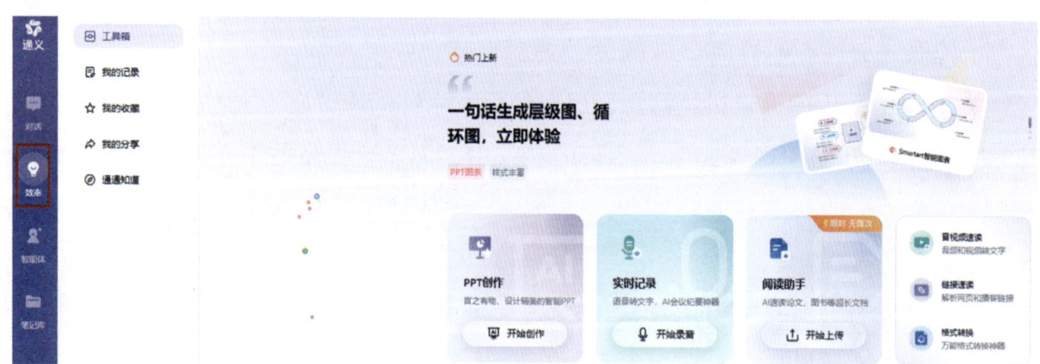

图 6-2-1　通义效率页面

单击“音视频速读”按钮，即可进入“音视频速读”操作页面，如图 6-2-2 所示。用户可在此处上传音频、视频文件，选择需要转写的语言，设置发言人数量，之后单击“确认”按钮，系统便会开始读取用户上传的音频、视频文件中的信息。

图 6-2-2　“音视频速读”操作页面

“音视频速读”功能支持生成导读、脑图与笔记，用户可根据需要自行选择所需的音视频速读结果，单击右上角的“导出”按钮，即可导出生成结果。

（二）讯飞听见

讯飞听见是以语音转文字及多语种翻译为核心功能的智慧办公服务平台，具有实时录音、机器快转、人工精转等功能，其主界面如图 6-2-3 所示。

图 6-2-3　讯飞听见主界面

单击“立即体验”按钮，即可进入讯飞听见操作页面，如图 6-2-4 所示。在这里，用户可以上传音视频文件，并根据音视频文件内容，选择转写语言与专业领域，还支持“热词优化”功能，提升转写准确率。

图 6-2-4　讯飞听见操作页面

（三）听脑

听脑是一款人工智能会议助手，支持实时撰写、音视频上传转写、同声传译、网络解析等功能，其主界面如图 6-2-5 所示。

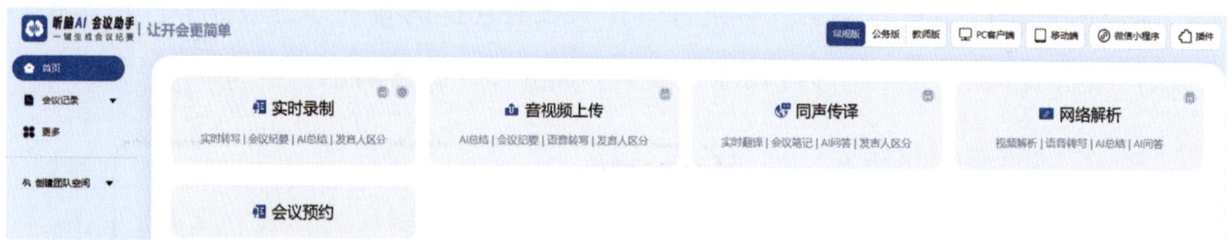

图 6-2-5　听脑主界面

听脑具有常规版、公务版、教师版等不同版本，供有不同身份和需求的用户使用。同时，还提供 PC 客户端、移动端、微信小程序等多种使用生态。

> 你还知道哪些常用的音频转写工具？请与同学交流、讨论。

三、音频转写工具的使用要点

（一）读懂工具参数

在着手使用音频转写工具之前，透彻掌握其各类参数的含义与作用至关重要。

1. 语言参数

常见的音频转写工具往往支持多种语言。用户应根据实际使用需求，准确选择与之匹配的语言。错误的语言选择可能会导致识别结果出现严重偏差。

2. 区分发言人

许多音频转写工具都支持“区分发言人”功能。例如，在通义效率的“音视频速读”功能下，就支持根据设置“区分发言人”，可以选择“单人演讲”“2 人对话”“多人讨论”等选项。

3. 专业领域

有些音频转写工具支持选择音视频所属的专业领域，从而提供更加准确的听写结果。讯飞听见的“专业领域”选择页面如图 6-2-6 所示。用户应提前熟悉音频或视频内容，判断其属于何种领域，再酌情进行选择。

图 6-2-6 “专业领域”选择功能

（二）注意工具限制

任何工具都存在一定的局限性，音频转写工具也不例外。

1. 背景噪声影响

在使用音频转写工具时，背景噪声是一个不容忽视的因素。在嘈杂环境中录制的音频往往会使识别错误率显著增大。这是因为背景噪声会干扰工具对语音信号的准确识别。因此，为了获得较为准确的听写结果，用户应尽可能在安静的环境中进行录音操作。

2. 口音和方言

对于一些特殊的口音或方言，音频转写工具的识别准确率可能会受到一定程度的影响。不同地区的口音和方言在语音语调、发音方式等方面存在差异，而工具往往是基于标准发音进行训练的。

3. 专业术语和特定领域词汇

当涉及特定领域的专业术语时，音频转写工具可能无法准确识别。这是因为工具的词汇库可能并未包含所有专业领域的特殊词汇。例如，医学领域中的一些复杂病症名称、法律领域中的专业法律术语等。针对这种情况，用户需要提前对工具进行相关词汇的训练或者补充，以便工具能够准确识别这些专业术语。

4. 音频文件的格式与体积

音频转写工具对输入的音频文件格式可能存在特定要求，不同工具对这些格式的兼容性有所不同。如果文件格式不被工具所支持，将无法进行正常的转写操作。同时，文件体积也会对工具的使用产生影响。过大的文件体积可能会导致工具在读取和处理文件时出现卡顿，甚至无法处理的情况。这可能是由于工具的内存限制或者处理能力限制造成的。

（三）善用附加功能

许多音频转写工具还配备了一些附加功能，善于运用这些功能，能够提高工作效率并优化使用效果。

1. 实时编辑

许多音频转写工具都支持过程实时编辑功能。在转写过程中，用户可以在识别出文字的同时，对其进行及时的编辑和修改，纠正其中的错误内容，并补充可能遗漏的部分。这一功能有助于提高最终转写结果的准确性和完整性。例如，当工具识别出某个单词错误时，用户可以立即进行修改，避免后续整理时的麻烦。

2. 实时转写

有了实时转写，用户无须上传文件，在音频播放或者录制的同时，工具就能够迅速将语音转换为文字形式，实现几乎同步的转写操作。这种实时性大大节省了时间，并且能够及时获取到初步的文字内容，方便在过程中进行快速校对和调整。

3. 多样化导出

许多音频转写工具支持多样化的导出功能。这意味着用户可以根据不同的需求，将听写结果导出为多种格式。例如，常见的文本格式 TXT，方便在各种文本编辑软件中进行进一步的编辑和处理；或者导出为 DOCX 格式，适用于有排版、添加格式需求的文档。此外，有些工具还可能支持将转写的结果转换为思维导图等形式，以适应用户多样化的需求。

你还知道哪些音频转写工具的特色功能？

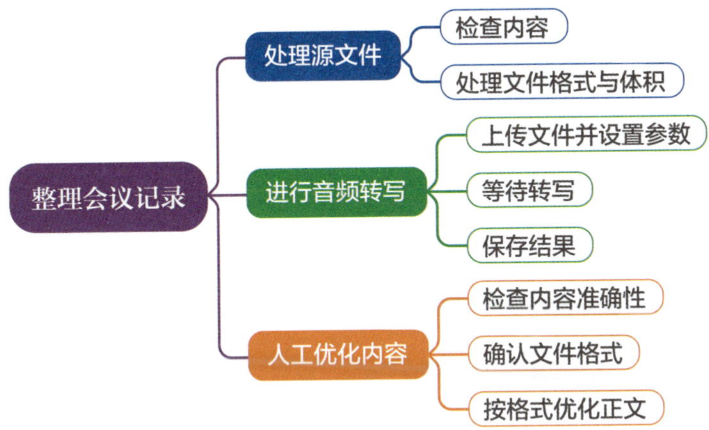

一、处理源文件

开始整理会议记录前，应酌情对源文件进行一定程度的处理，包括检查内容、处理文件格式与体积。

（一）检查内容

应仔细聆听会议录音文件，全面且细致地检查其内容。不仅要确认是否存在录音中断、声音模糊不清或重要信息缺失的部分，还要留意讲话者的语速、语调和口音等可能影响理解的因素。如果发现录音中有任何不清晰或难以分辨的段落，要做好标记，并及时与部门负责人沟通，获取更多相关信息或寻找其他补充资料。同时，对于会议中涉及的专业术语、行话或特定的缩写，要特别关注其使用的准确性和一致性。

（二）处理文件格式与体积

根据所选转写工具的要求，对录音文件的格式进行转换。在转换格式时，要确保转换过程的稳定性和质量，避免出现数据丢失或损坏的情况。

同时，对文件体积进行适当压缩，以提高上传和转写的效率。但要注意不能过度压缩，避免导致音质严重受损。可以采用一些常见的音频压缩方法，如调整比特率、采样率等参数。在压缩过程中，要多次试听压缩后的音频，并与原音频进行对比，确保关键信息的清晰度和可辨识度没有受到明显影响。如果压缩后的音频质量不理想，需要重新调整压缩参数，直到达到一个平衡的状态，既能满足体积要求，又能保证转写的准确性。

二、进行音频转写

源文件处理完毕后，即可开始进行音频转写。下文以通义效率作为演示工具，展示整理会议记录的具体过程。

（一）上传文件并设置参数

登录通义效率主界面，单击“音视频速读”按钮，进入上传文件的页面，通过点击或拖拽上传音频文件，并设置相关参数。例如，在“音视频语言”选项下选择“中英文自由说”，打开“翻译”功能，并在“区分发言人”处选择“多人讨论”，如图 6-2-7 所示。

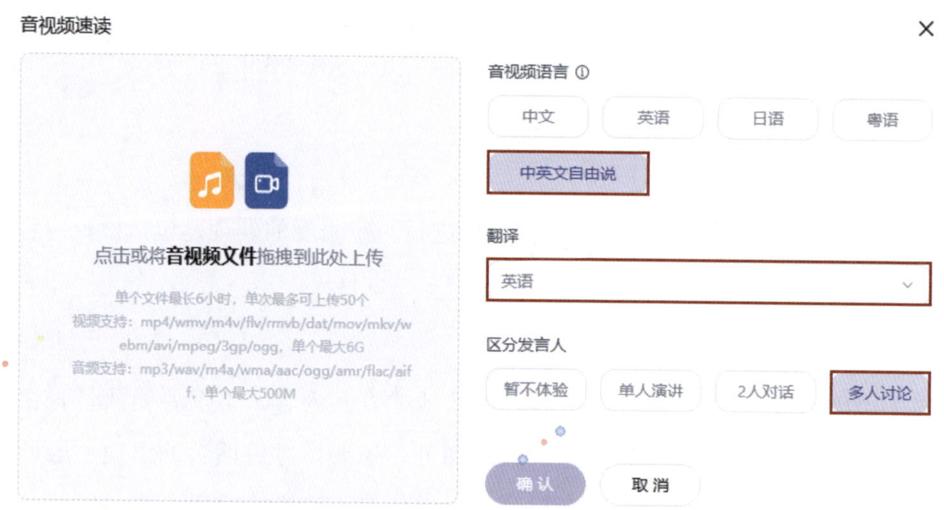

图 6-2-7　上传文件并设置参数

在上传过程中，要注意网络的稳定性，避免因网络波动导致上传中断或文件损坏。同时，确认文件的大小、格式等符合平台的要求。如果上传过程中出现错误提示，要根据提示信息及时解决问题，并重新上传。

（二）等待转写

上传完成后，耐心等待工具进行音频转写。转写时间会根据文件长度、网络状况和工具性能而有所不同。在此期间，可以处理其他工作，但要留意转写进度，及时查看转写结果。

（三）保存结果

转写完成后，将转写得到的文字内容保存到本地或企业指定的存储位置。建议保存为常用的文档格式，如 DOCX、TXT 等，以便后续编辑和处理。同时，为了防止数据丢失，最好进行多重备份，如保存到云盘、外部硬盘等。

三、人工优化内容

（一）检查内容准确性

对转写生成的文字内容进行仔细检查，修正可能存在的错误，包括错别字、语法错误、专业术语的错误表述等。检查时要结合会议的主题和背景，对于一些模糊不清或有歧义的表述，通过参考相关资料、请教专业人士或与参会人员沟通，进行澄清和完善。对于一些关键信息，要进行反复核实，确保其准确性和完整性。

（二）确认文件格式

根据企业的会议记录管理规定，确认文件的格式要求，包括字体的选择、字号的大小、行距、段落间距、标题样式等。确保整理后的会议记录符合企业的统一规范，体现出专业性和规范性。

（三）按格式优化正文

按照确认的格式要求，对正文内容进行排版优化。合理划分段落，使每个段落的主题明确、逻辑清晰。使用清晰的标题和编号，突出重点内容，方便读者快速浏览和抓住关键信息。对于重要的观点、结论或行动计划，可以使用加粗、变色等方式加以突出。调整文字的对齐方式，使其看起来整齐美观。通过以上优化，使会议记录在形式上更加规范、整洁，易于阅读和理解，提升其使用价值。

拓展阅读

会议记录与会议纪要

1. 会议记录

会议记录是指在会议过程中，由负责记录的人员当场把会议的基本情况和会议上的报告、讨论的问题、发言、决议等内容记录下来的书面材料。它是会议情况和内容的原始记录，详细记载了会议的全过程，包括与会人员的发言、讨论的内容等，是会议情况的真实反映。会议记录通常不是正式的公文，不对外公开，一般无须传达或传阅，只作资料存档。

2. 会议纪要

会议纪要是指在会议记录的基础上进行处理和整理的一种叙述性和介绍性文件。它是对会议主要内容的提炼和概括，包括会议的基本情况、主要研究事项、会上取得的一致意见和议定事项等内容。会议纪要是一种正式的公文文种，通常需要在一定范围内传达或传阅，要求贯彻执行。

3. 会议记录与会议纪要的区别

会议记录和会议纪要都是会议文书，但它们在性质、内容、作用、写法、发布范围、保密性和公开性、格式、语言风格等方面存在显著的区别，见表 6-2-2。在实际工作中，应根据会议的性质和要求，恰当选择和使用会议记录或会议纪要。

表 6-2-2　会议记录与会议纪要的区别

类型	会议记录	会议纪要
性质	原始记录材料，非正式公文	正式公文文种
内容	详细记录会议的全过程，包括每位与会者的发言内容、讨论情况等	提炼会议的主要议题、讨论的重点、达成的共识和决策结果
作用	作为存档资料，用于日后查证和回顾会议过程，是解决争议和纠纷的依据	传达会议精神，指导相关部门和人员执行决策，推动会议决策的落实和执行
写法	注重详细性和全面性，无选择性、提要性，要求原原本本地记录原文原意	注重条理性和概括性，有选择性、提要性，在会议记录基础上加工整理而成
发布范围	通常作为内部资料保存，不对外公开发布	在一定范围内传达或传阅，要求贯彻执行
保密性和公开性	保密性要求较高，可能包含敏感或机密信息	保密性要求相对较低，但也可能包含敏感信息，相对较为公开和透明
格式	格式相对随意，按会议进程记录	格式较为规范，包括标题、会议概况、会议主要内容、会议决议和任务安排等部分
语言风格	语言较为口语化，忠实记录发言者的原话	语言正式、精练、准确，去除口语化表达和重复啰唆的内容

任务 3　智能数据分析

任务描述

一、任务情境

实习期间，你在工作中展现出的专业能力和高效的工作效率得到了部门负责人的认可。这天，部门负责人交给你一项新任务：分析上个月公司所有员工的考勤数据，并建议你继续尝试使用 AIGC 工具高效完成。

二、任务要求

1. 选择具有智能数据分析功能的 AIGC 工具，熟悉其基本功能和操作方法。

2. 快速完成员工考勤数据的分析工作，包括数据运算、数据分析、可视化图表生成等。

3. 尝试梳理、总结智能数据分析工具在数据分析方面的各项能力。

三、任务资料

× × 企业员工考勤表（见素材库）。

任务目标

1. 掌握智能数据分析工具提示词设计技巧，能够通过与其对话完成数据分析工作。

2. 能使用智能数据分析工具对表格数据进行基本的数据分析。

3. 能使用智能数据分析工具生成各种可视化图表。

一、数据分析概述

数据分析是借助统计学、数学模型和计算方法，对所搜集的数据进行系统整理、处理、解读与总结的过程。其核心目的在于从数据中挖掘出有价值的信息，为决策、预测和优化工作提供有力支持。数据分析在金融、医疗、营销、科学研究等众多领域都有着广泛应用，能够帮助各类企业或个人更为透彻地了解自身所面临的情况，从而做出更科学和高效的决策。

（一）数据分析的步骤

数据分析的过程一般包括以下 5 个步骤。

1. 数据搜集

数据搜集包括从数据库、传感器、用户行为等多种数据源获取数据。这一环节是数据分析的起始点，数据的完整性和准确性对后续分析至关重要。

2. 数据清洗

在获取数据后，需要对数据进行清洗。此过程主要是去除或修正错误数据，妥善处理缺失值、重复数据和异常值等，以确保数据质量达到可用于分析的标准。

3. 数据探索与可视化

通过运用统计图表、相关性分析等手段对数据特征进行探索，揭示数据之间潜藏的关系。这一步骤有助于从宏观上把握数据的情况，为后续深入分析奠定基础。

4. 数据建模与分析

运用回归分析、聚类分析、假设检验等各种分析方法，深入挖掘数据中存在的规律。这是数据分析的核心环节。通过建立合适的模型，能够发现数据背后隐藏的复杂关系。

5. 结果解读与报告撰写

最后是将分析所得的结果转化为易于理解的报告或具有可操作性的建议，为决策提供依据。这一环节确保了数据分析的成果能够被有效地应用于实际决策过程中。

随着时代的发展，数据分析已经不再局限于使用传统的统计分析方法。在大数据和人工智能等技术的助力下，数据分析正朝着更为复杂的方向演进，目前已经具备处理海量且复杂数据集的能力，能够提供更为精准的分析结果。

（二）数据分析的基本方法

数据分析的基本方法可以划分为以下 6 大类，每一类方法都有其适用的场景与条件。

1. 描述性分析

描述性分析是最基础的数据分析方法。它的主要功能是对数据进行概括性的描述，帮助我们理解数据的基本特征。

（1）均值、标准差、中位数等基本统计量。这些统计量能够对数据的集中趋势和离散程度进行量化处理，从而深入分析数据的基本分布特征。例如，均值反映数据的平均水平，标准差体现数据相对于均值的离散程度，中位数是数据排序后的中间值，它们从不同角度刻画了数据的分布情况。

（2）频率分布表和直方图。可以借助图表的形式展示数据的分布状况，从而清晰地揭示数据的分布模式。频率分布表以表格形式呈现数据在各个区间的分布频率，直方图则以直观的图形展示数据的分布形状，如是否呈现正态分布等。

（3）数据透视表和汇总统计。通过将数据进行分类汇总，能够迅速获取各类数据的总结性结果。这种方式有助于从不同维度对数据进行概括，为进一步深入分析提供宏观视角。

2. 探索性分析

探索性分析主要着眼于发现数据中潜藏的模式、趋势或关系，通常在数据分析的初步阶段发挥重要作用。这一方法更加侧重于数据的可视化和变量间的关联性分析。

（1）散点图。散点图主要用于探究两个变量之间的关系。通过将两个变量的值分别作为横、纵坐标绘制出散点图，我们可以直观地观察到两个变量之间是否存在线性关系、非线性关系或毫无关系。

（2）箱线图。箱线图在识别数据的离群值和展示数据的分布情况方面具有独特优势。它能够以简洁的图形展示数据的四分位数、中位数、上下边缘等信息，从而让我们快速把握数据的分布特征，以及发现是否存在异常值。

（3）热力图和相关矩阵。这两种工具主要用于分析多个变量之间的相关性。热力图通过颜色的深浅表示变量之间相关性的强弱，相关矩阵则以矩阵形式呈现变量两两之间的相关性系数，为我们提供了一种全面且直观的方式来理解多个变量之间的相互关系。

3. 推断性分析

推断性分析是基于样本数据对总体进行推断的一种分析方法。它依据统计学原理，借助样本数据推断或检验假设，对不确定性进行估计。

（1）假设检验。通过对数据样本实施假设检验，可以判断某个假设是否成立。在实际应用中，常用的检验方法有 t 检验、卡方检验等。

（2）置信区间。置信区间是一种常用的区间估计方法。它基于样本数据推断总体参数的可能范围，这一范围能够为决策提供可靠性依据。

（3）回归分析。回归分析是通过构建数学模型，推断变量之间的因果关系，进而预测未来趋势。回归分析在经济学、社会学等众多领域都有着广泛应用，能够帮助我们找出变量之间的定量关系。

4. 预测性分析

预测性分析是利用历史数据和统计模型，对未来的趋势或事件进行推测。它主要依赖于时间序列分析、机器学习等方法。

（1）时间序列分析。时间序列分析是指针对随时间变化的历史数据进行分析，从而实现趋势预测。典型的方法有移动平均法、指数平滑法等。这些方法通过对历史数据的分析，挖掘出数据随时间变化的规律，例如季节性规律、长期趋势等，进而预测未来的数值。

（2）机器学习。机器学习通过使用算法从数据中学习模式和规律，从而做出预测。机器学习在处理复杂数据和非线性关系方面具有独特优势，在预测性分析中逐渐发挥着越来越重要的作用。

5. 规范性分析

规范性分析不仅能够预测未来的趋势，还能够进一步提供决策建议和行动方案，从而帮助决策者选择最佳的行动路径。其目标是通过模拟不同的情景，找出最优的解决方案。

（1）优化模型。优化模型主要包括线性规划、整数规划、非线性规划等模型，能够通过优化算法寻找最佳决策方案。在企业生产计划安排中，可以利用线性规划模型，根据资源限制和市场需求，确定最优的生产数量和产品组合，以实现利润最大化。

（2）决策树分析。通过构建决策树模型，可以帮助我们在多个选择中做出最优决策。例如，在医疗诊断中，可以根据患者的症状、检查结果等构建决策树模型，从而确定最佳的治疗方案。

（3）仿真分析。仿真分析是通过模拟不同条件下的决策结果，评估其可能性和风险。在项目投资决策中，可以通过模拟分析不同市场条件下投资项目的收益情况，从而为投资者提供决策依据。

6. 因果分析

因果分析旨在揭示变量之间的因果关系，而非仅仅寻找相关性。它借助实验设计或高级统计方法，帮助研究者确认一个变量对另一个变量的影响。

（1）实验设计（A/B 测试）。通过控制实验与对照组的对比，评估某个因素对结果的因果影响。在互联网产品优化中，经常采用 A/B 测试来比较不同版本的产品页面或功能对用户行为的影响，从而确定最优的产品设计。

（2）路径分析与结构方程模型。通过对变量间关系进行建模，揭示其因果机制。在社会学研究中，路径分析与结构方程模型被广泛应用于探究社会现象背后的因果关系。

数据分析作为一项广泛应用的技能，其涵盖的方法很多。在实际应用场景中，通常需要将多个分析方法相结合，才能获取全面且深入的洞察结果。随着数据规模的持续扩大和技术的不断发展，数据分析已经逐渐成为各行业决策过程中不可或缺的重要工具。

你使用过 Excel 进行数据分析吗？你知道哪些具体的操作技巧？

二、常用智能数据分析工具

过去，数据分析往往依赖于专业的数据分析软件，这些软件往往操作复杂，上手难度大。随着人工智能技术的发展，许多 AIGC 工具具备了简单的智能数据分析功能。下文介绍 3 种常用智能数据分析工具。

（一）ChatExcel

ChatExcel 主界面如图 6-3-1 所示，其主要功能包括自动处理表格、智能数据分析、数据可视化图表、文档秒变表格等。

仅通过聊天
AI即可处理Excel和数据分析

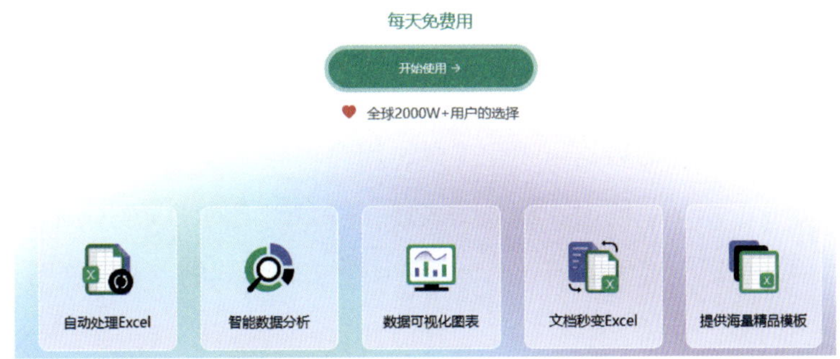

图 6-3-1　ChatExcel 主界面

ChatExcel 的用户仅需通过聊天的方式，便能让人工智能处理 Excel 文件，并进行数据分析，替代了传统的文本函数、统计函数等表格处理方法，使得文本串处理变得轻松，统计分析工作也能被快速且专业地完成。ChatExcel 还提供了海量模板，可以满足用户的多样化需求。

（二）WPS AI

WPS AI 可以为用户提供智能文档写作、阅读理解和问答、智能人机交互等方面的功能。在其主界面单击“功能介绍”选项，选择“AI 数据助手”功能，如图 6-3-2 所示，即进入数据分析功能页面，如图 6-3-3 所示。用户无须记忆复杂的函数公式，也无须掌握各种表格操作技巧，只需简单描述需求，WPS AI 便能高效处理繁杂的数据。

图 6-3-2　WPS AI 主界面

图 6-3-3　“AI 数据助手”功能

（三）镝数图表

镝数图表是一款便捷的数据可视化工具，用户只需输入数据，即可一键生成图表，其主界面如图 6-3-4 所示。同时，镝数图表还支持多样化的图文模板和图表模板选择，用户导入数据后，可以一键生成词云图、桑基图等多种样式的专业图文图表。

人人可用的智能数据表达工具

输入数据即可一键生成图表，搭载AIGC能力，
轻松完成交互图表、数据报告、PPT、视频、大屏等内容创作

免费体验

图 6-3-4　镝数图表主界面

你还知道哪些常用的智能数据分析工具？请与同学交流、讨论。

三、智能数据分析工具的使用要点

（一）输入准确数据

在使用智能数据分析工具时，输入准确数据是获取可靠分析结果的根本前提。首先，必须确保数据的完整性，避免关键信息与字段的遗漏。例如，对于销售数据表格，应包含产品名称、销售数量、销售日期、客户信息等关键项。其次，数据的精确性至关重要，错误数据可能导致分析结果产生偏差。因此，在输入数据前，需要对原始数据进行细致的核对与清理，修正错误数据，剔除重复或无效数据。此外，还需注意数据格式的一致性，如日期格式统一设定为“年 / 月 / 日”，数值格式统一保留特定小数位数等，以便工具能够准确识别并处理。

（二）使用恰当的提示词

许多智能数据分析工具支持通过对话进行数据分析，这里的“对话”实际上是用户输入提示词，工具给出反馈的过程。在这个过程中，使用恰当的提示词显得尤为重要。

提示词应具备明确的指向性和针对性，清晰阐述用户需求，避免模糊和歧义的表述。例如，不应简单表述为“分析这个表格”，而应具体指明“分析这个销售表格中不同产品的销售趋势”。同时，应使用简洁明了的语言，避免过于复杂的表述和生僻词汇。根据工具的特性和功能，合理运用相关术语和关键词，以提高工具的理解能力和响应效率。此外，可以尝试不同的表述方式和关键词组合，以获取更全面且准确的分析结果。

（三）保护商业机密

在利用智能数据分析工具处理数据时，商业机密的保护至关重要。在上传数据前，应对数据进行敏感性评估，判断其中是否包含机密信息，如客户名单、财务数据、未公开的产品计划等。若存在此类信息，应采取适当的加密或脱敏处理措施，例如，对关键信息进行替换或隐藏。

要选择可靠且信誉良好的工具供应商，深入了解其数据安全政策与隐私保护措施，确保其具备充足的技术与管理能力来保障数据安全。在使用过程中，需严格遵循所在公司内部规定与法律法规，严禁将敏感数据泄露给未经授权的人员或机构。同时，应定期审查和监控数据的使用状况，及时发现并处理任何潜在的安全风险。

任务实施

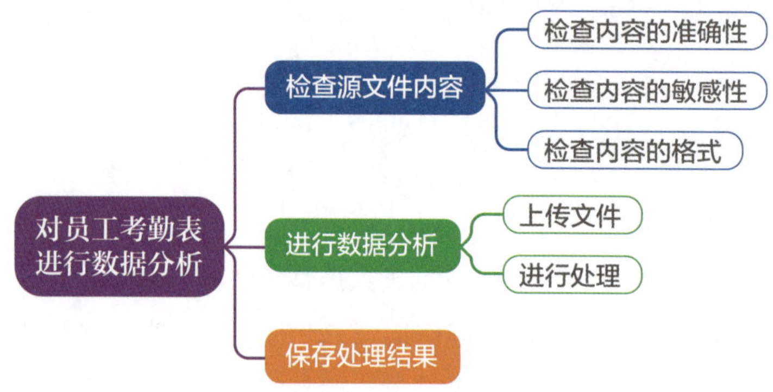

一、检查源文件内容

拿到员工考勤数据后，应首先对源文件进行全面检查，确认无误后再使用智能数据分析工具进行分析。

（一）检查内容的准确性

仔细核对表格中的每一项数据，确保其准确无误。对于数字类数据，要检查其计算是否正确，数值是否在合理范围内；对于文字类数据，要检查其拼写、语法，以及表述的清晰性和准确性。同时，还要确认数据之间的逻辑关系是否合理，避免出现矛盾或不符合实际情况的数据。

（二）检查内容的敏感性

评估表格中数据的敏感性，判断是否包含个人隐私信息、商业机密或其他需要特殊保护的数据。对于敏感数据，必须采取相应的加密、脱敏或其他安全处理措施，确保数据不会泄露。

（三）检查内容的格式

审查表格的格式是否规范统一，包括列宽是否合适，行高是否一致，字体、字号、颜色等是否符合相关要求。检查单元格的对齐方式、边框设置，以及数据的显示格式（如日期、数字、百分比等）是否正确。确保表格整体美观、易读，符合数据展示和处理的规范。

二、进行数据分析

下文以 ChatExcel 为演示工具，展示基本的数据分析过程。

（一）上传文件

单击 ChatExcel 主界面的“开始使用”按钮，进入工作页面，如图 6-3-5 所示。在工作页面右侧，用户可以上传需要分析的文件。在工作页面左侧是“官方能力演示”区域，用户可以在此区域熟悉 ChatExcel 的操作流程。

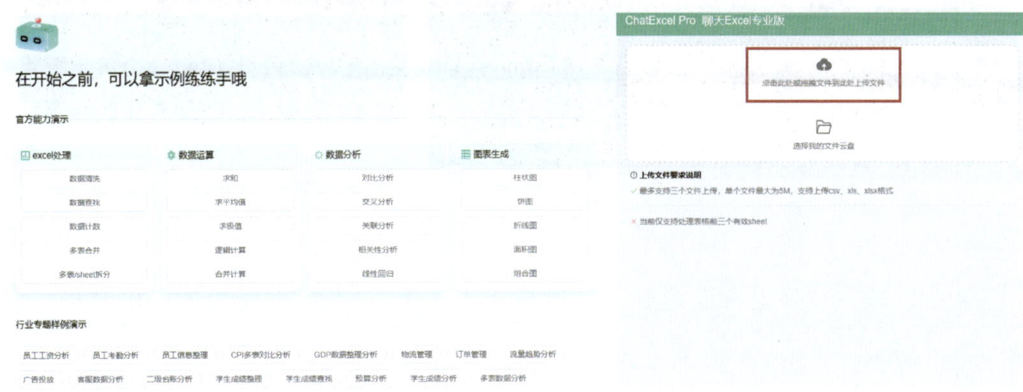

图 6-3-5　上传文件

（二）进行处理

将考勤表上传至 ChatExcel 后，表格内容会显示在页面左侧，可在此处进行文件预览。页面右下角设有聊天输入框，可在此处输入聊天内容。ChatExcel 会根据输入的内容进行处理，如图 6-3-6 所示。

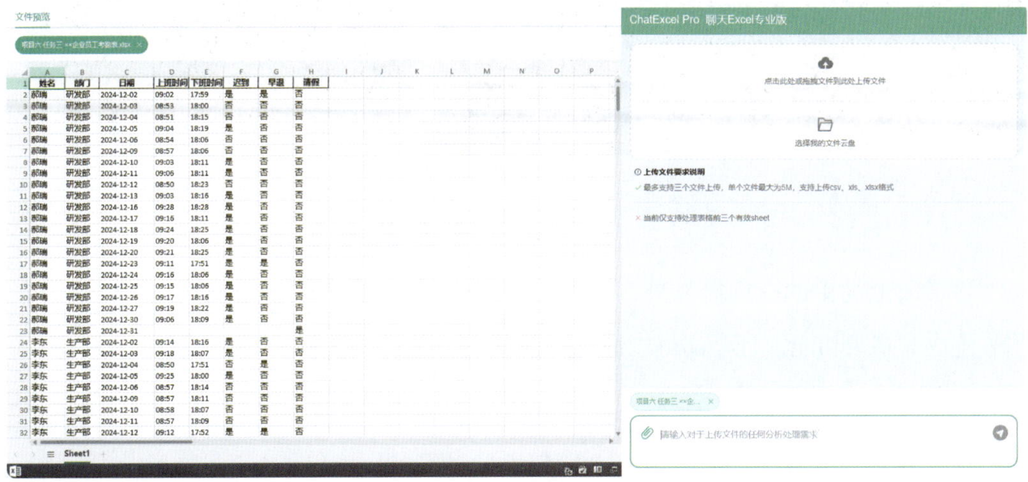

姓名	部门	日期	上班时间	下班时间	迟到	早退	请假
郝瑞	研发部	2024-12-02	09:02	17:59	是	是	否
郝瑞	研发部	2024-12-03	08:53	18:00	否	否	否
郝瑞	研发部	2024-12-04	08:51	18:15	否	否	否
郝瑞	研发部	2024-12-05	09:04	18:19	是	否	否
郝瑞	研发部	2024-12-06	08:54	18:06	否	否	否
郝瑞	研发部	2024-12-09	08:57	18:06	否	否	否
郝瑞	研发部	2024-12-10	09:03	18:11	是	否	否
郝瑞	研发部	2024-12-11	09:06	18:11	是	否	否
郝瑞	研发部	2024-12-12	08:50	18:23	否	否	否
郝瑞	研发部	2024-12-13	09:03	18:16	是	否	否
郝瑞	研发部	2024-12-16	09:28	18:28	是	否	否
郝瑞	研发部	2024-12-17	09:16	18:11	是	否	否
郝瑞	研发部	2024-12-18	09:24	18:25	是	否	否
郝瑞	研发部	2024-12-19	09:20	18:06	是	否	否
郝瑞	研发部	2024-12-20	09:21	18:25	是	否	否
郝瑞	研发部	2024-12-23	09:11	17:51	是	是	否
郝瑞	研发部	2024-12-24	09:16	18:06	是	否	否
郝瑞	研发部	2024-12-25	09:15	18:06	是	否	否
郝瑞	研发部	2024-12-26	09:17	18:16	是	否	否
郝瑞	研发部	2024-12-27	09:19	18:22	是	否	否
郝瑞	研发部	2024-12-30	09:06	18:09	是	否	否
郝瑞	研发部	2024-12-31					是
李东	生产部	2024-12-02	09:14	18:16	是	否	否
李东	生产部	2024-12-03	09:18	18:07	是	否	否
李东	生产部	2024-12-04	08:50	17:51	否	是	否
李东	生产部	2024-12-05	09:25	18:00	是	否	否
李东	生产部	2024-12-06	08:57	18:14	否	否	否
李东	生产部	2024-12-09	08:57	18:11	否	否	否
李东	生产部	2024-12-10	08:58	18:07	否	否	否
李东	生产部	2024-12-11	08:57	18:09	否	否	否
李东	生产部	2024-12-12	09:12	17:52	是	是	否

图 6-3-6　上传文件后页面

例如，输入“列出所有请假人员”，系统会立即运行，开始进行数据分析，迅速找到所有请假人员，如图 6–3–7 所示。

图 6-3-7　运行结果（一）

再如，输入“列出所有迟到、早退与请假人员”，系统也能快速得出结果，如图 6–3–8 所示。

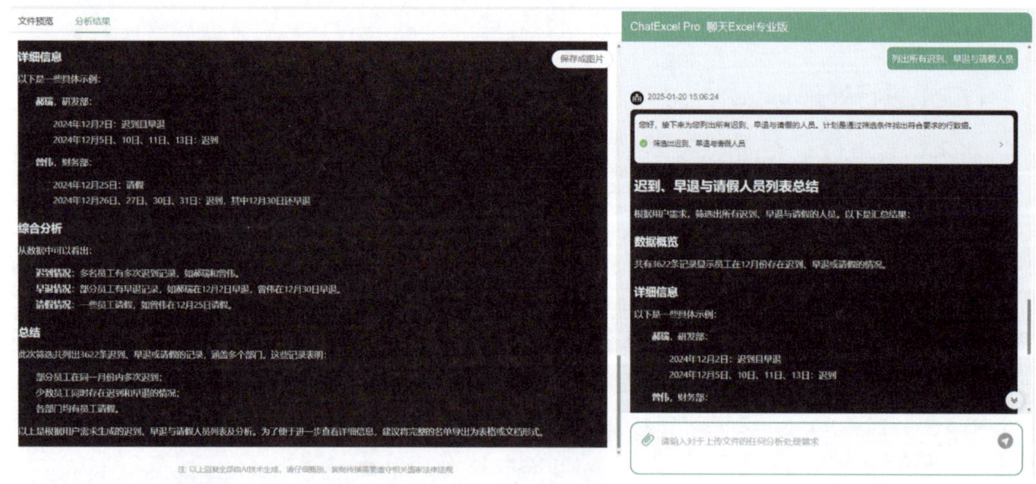

图 6-3-8　运行结果（二）

除了以上简单的查询操作外，ChatExcel 还支持数据清洗、数据运算、数据分析、图表生成等高级功能，且全部可以通过对话方式实现。接下来，请你自行操作体验。

三、保存处理结果

ChatExcel 能够将其运行的过程与最终结果保存为图片。

在以上数据分析过程中，ChatExcel的运行过程包含了一系列复杂的数据操作和分析步骤。例如，它可能会对原始的考勤数据进行筛选、排序、统计等处理，这些操作的每一个环节都可能对最终的结果产生影响。将整个运行过程及最终结果保存为图片，如同为整个处理流程拍摄了一张“快照”，能够完整地记录下每一个关键步骤和最终的成果。

在后续的工作中，可能会遇到各种需要核对或者复查的情况。例如，当考勤数据出现争议时，无论是本人对考勤结果存在疑问，还是企业行政、人力资源等部门需要对考勤情况进行抽检，这张保存下来的图片都能够清晰地展示出当时的数据处理过程和结果，避免因记忆模糊或数据再次处理可能产生的差异而引发争议。

任务4　生成演示文稿

任务描述

一、任务情境

两个月的实习时间转瞬即逝，你的实习即将结束。在距离实习结束还有一周时，部门负责人对你实习期间的工作表示了肯定，并希望你制作一份演示文稿，在离职前进行述职报告，总结实习期间的工作成果、经验，以及自身的成长。

二、任务要求

1. 总结自己两个月的实习成果，选择合适的AIGC工具，制作演示文稿。

2. 演示文稿的内容应涵盖实习期间的工作内容、取得的成果、自身的成长，以及对公司和团队表达的感谢等方面。

3. 演示文稿应内容完整、排版美观、大方得体，具有一定观赏性。

4. 应将演示文稿保存为兼容模式，确保在各类设备上都能正常打开。

三、任务资料

自备。

任务目标

1. 能够主动回顾自己实习期间的任务成果，总结经验，反思不足，撰写一份完备的述职报告。

2. 能够主动搜集并选择合适的演示文稿生成工具，将文字材料生成演示文稿。

3. 能优化生成的演示文稿内容，并调整版式布局，使其更加美观、得体。

相关知识

一、述职报告概述

述职报告是各级各类机关、单位工作人员向上级、主管部门和下属阐述任职情况的一种书面报告形式。它主要用于自我回顾、评估，以及鉴定个人在任职期间的工作状况，是一种专门的文书类型。

不同于工作总结，述职报告更聚焦于个人在岗位上履行职责的实际情况，着重体现个人在工作中的角色和所作出的贡献。这就意味着述职报告不仅是对工作内容的简单罗列，而且是围绕个人职责履行进行的深度剖析。述职报告是企业考核、评估员工工作表现的关键依据之一。

（一）述职报告的基本内容

一份完整的述职报告涵盖多个方面的基本内容，这些内容相互关联，全面呈现述职者的工作情况。

1. 基本情况

（1）个人信息。述职报告首先应包含述职人的基本信息，如姓名、职务、任职时间等，以便读者迅速对述职人有一个基本了解。

（2）工作背景。在阐述个人信息之后，简要介绍述职期间的工作环境和企业目标等背景信息。工作环境包括内部的企业架构、工作氛围，以及外部的市场环境、行业竞争态势等，这些因素都会对工作产生影响。企业目标则是述职者开展工作的方向指引，明确企业目标有助于理解述职者工作与企业整体战略的契合度，也为后续详细阐述工作内容和成果提供背景支撑。

2. 工作成果与业绩

这部分是述职报告的核心内容之一，重点展示述职者在任职期间所取得的工作成果，通常需要通过具体的数据和事实来增强说服力。

（1）重点工作成果。在述职期间，述职者必然完成了多项工作任务，需详细阐述其中的主要工作任务及所取得的成果。为使报告条理清晰，应按照重要性或工作任务的逻辑顺序进行排列。

（2）业绩数据支撑。在描述工作成果时，应尽可能使用具体的数据、指标进行量化。具体的数据能够使工作成果更加直观、清晰地呈现出来，增强说服力。

3. 工作职责履行情况

这部分内容着重于述职者对自身工作职责的履行过程，包括如何履行职责、遇到的问题，以及相应的解决措施等。

（1）职责描述。首先明确列出自己的工作职责，使读者清楚了解述职者在岗位上应承担的工作任务。明确的职责描述有助于建立一个清晰的框架，使后续的阐述更具针对性。

（2）履行过程与方法。针对每项工作职责，详细讲述履行过程及所采取的工作方法、策略等。

（3）遇到的问题与解决措施。在履行工作职责过程中，不可避免会遇到各种问题。应诚实阐述遇到的主要问题，并详细说明所采取的解决措施。

4. 自身能力与素质提升情况

这部分内容关注述职者在任职期间个人能力和素质的发展情况，包括专业技能和综合素质两个方面。

（1）专业技能提升情况。述职者应讲述在述职期间自己在专业技能方面有哪些提升，例如，参加了哪些培训，学习了哪些新的知识和技术。

（2）综合素质提升情况。除了专业技能外，综合素质的提升同样重要，例如，在沟通能力、团队协作能力、领导力等方面有哪些提升。

5. 未来工作计划与展望

这部分内容着眼于述职者对未来工作的规划，包括短期和长期两个维度。

（1）短期工作计划。基于目前的工作情况和企业目标，述职者需制定短期（通常为下一阶段）的工作计划，包括明确的工作目标、详细的任务安排及预期的成果等。短期工作计划不仅能够让上级和同事了解述职者近期的工作方向和重点，而且有助于企业内部的工作协调和资源分配。

（2）长期工作展望。从更长远的角度对工作进行展望也是述职报告的重要组成部分。述职者应阐述自己对工作岗位、部门或企业发展的愿景和规划。长期工作展望体现了述职者的战略眼光和对企业发展的责任感，同时也为企业的长期规划提供了参考。

（二）述职报告的主要作用

述职报告在企业内部管理、员工职业发展和团队协作等方面发挥着重要作用。

1. 对上级和企业

上级领导和企业通过述职报告，能全面了解员工的工作情况，包括工作成果、职责履行、能力提升等，为员工的绩效评估、奖励晋升提供了客观准确的依据。同时，述职报告中的内容，如工作成果、问题分析及未来计划，对上级在制定战略规划、资源分配、业务调整等决策时也具有重要参考价值。

2. 对述职者自身

撰写述职报告的过程实际上是一个自我总结、反思的过程。述职者在撰写过程中需要回顾自己在过去一段时间内的工作表现，有助于发现自己的优点和不足，为更好地开展后续的工作打下基础。

二、常用演示文稿生成工具

下文介绍 3 种常用的演示文稿生成工具，你也可以自行搜索更多不同类型的工具。

（一）WPS AI

登录 WPS AI 主页，单击“功能介绍”按钮，选择“AI 设计助手”功能，即可查看 WPS 官方对生成演示文稿功能的介绍，如图 6–4–1 所示。用户仅需输入一句话主题，或上传文档、粘贴内容，就可以让 WPS AI 智能构建演示文稿大纲，匹配精美的模板，轻松生成排版美观、内容完整的整套幻灯片。

图 6–4–1 AI 设计助手页面

除此以外，用户还可下载 Windows、Mac、Android 等不同版本的客户端，在客户端中体验更加完整的 WPS AI 功能。

（二）讯飞智文

讯飞智文可以一键生成演示文稿与 Word 文档，其主界面如图 6-4-2 所示。它支持根据一句话、长文本、音视频等指令智能生成文档，同时提供在线编辑、美化、排版、导出、一键动效、自动生成演讲稿等功能。

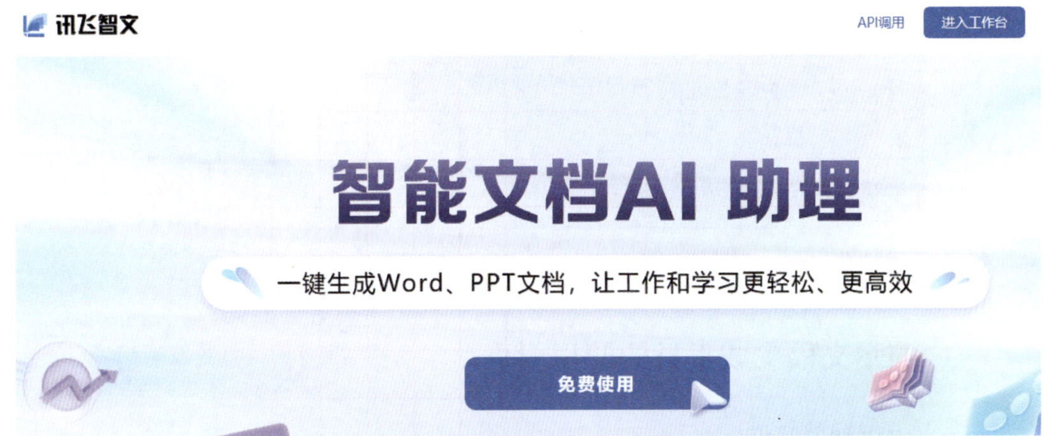

图 6-4-2　讯飞智文主界面

单击“免费使用”按钮，即可进入智能创作工作台，用户可选择一句话创建、文本创建、文档创建、高级创建等多种创建模式，快速生成演示文稿，如图 6-4-3 所示。

图 6-4-3　智能创作工作台

（三）AiPPT

AiPPT 是一款专注于将人工智能大模型与演示文稿场景深度结合的办公工具。用户只需输入一句主题，AiPPT 便能快速生成大纲和具有专业外观的演示文稿，其主界面如图 6-4-4 所示。AiPPT 还提供了海量模板供用户选择，覆盖几十种常用场景，助力演示文稿创作全过程，提升演示文稿的质量。

你还知道哪些常用的演示文稿生成工具？请与同学交流、讨论。

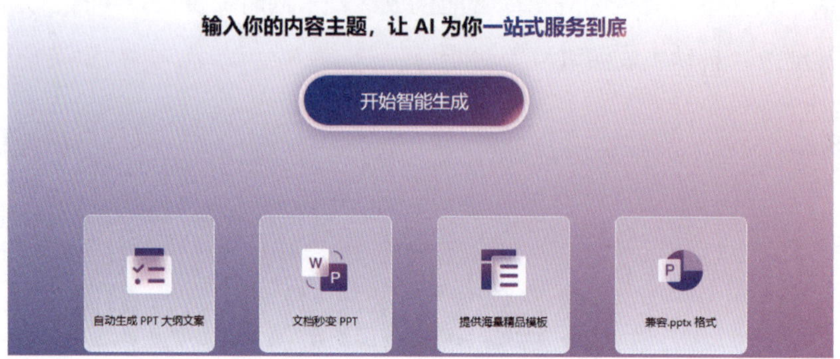

图 6-4-4 AiPPT 主界面

三、演示文稿生成工具的使用要点

（一）上传规范文件

大部分演示文稿生成工具都支持根据用户上传的文件生成演示文稿。在此过程中，要确保所上传文件的格式与工具要求相符，常见的支持格式包括 DOCX、TXT 等。

此外，上传的文件还应结构合理，逻辑清晰。文件内要有明确的标题，准确概括文件主题；段落划分需有条理，各段落围绕主题展开论述；要点应明确突出，便于工具快速识别内容重点。

同时，文件中的文字表述应当简洁、明晰。避免使用过于复杂或语义模糊的语句，以免干扰工具对内容的理解，进而影响生成的演示文稿的质量。例如，应避免使用生僻词汇、冗长复杂的句子结构或者具有歧义的表述方式。

（二）选择恰当风格

选择与演示内容及目标受众相适配的风格，这一点在演示文稿制作中非常重要。

例如，在商务演示场景下，简洁、专业的风格是首选。简洁性体现在内容布局上要避免冗余信息，直接切入主题，重点突出核心内容。专业性则体现在整体的视觉效果和内容呈现方式上。如配色应偏向于沉稳、低调的色系，避免使用过于鲜艳或刺眼的颜色；字体选择要遵循商务场合的规范，确保易读性的同时体现专业感；布局上要整齐、规范，各元素之间的间距合理，避免出现杂乱无章的情况。

在选择风格时，要全面考虑色彩搭配的协调性、字体的易读性，以及整体布局的合理性等多方面因素。色彩搭配要和谐，避免出现色彩冲突或不协调的情况；字体的易读性是关键，要保证观众能够轻松阅读演示文稿中的文字内容；整体布局要合理，各元素之间的比例、间距和排列顺序都要经过精心设计，使演示文稿既美观大方，又能有效传达信息。

（三）注意版权归属

在利用 AIGC 工具创建演示文稿时，还要注意版权问题。

要了解工具所使用的模板、图片、图标等素材的版权归属情况。如果工具提供的素材存在版权限制，在未获得授权的情况下，不能将这些素材用于商业用途或进行大规模传播。例如，某些工具提供的特定模板可能仅供个人学习和非商业性使用，如果违反这一规定，就可能引起版权纠纷。

对于需要引用他人作品或数据的部分，必须严格按照相关法律法规进行正确的引用和标注，包括明确注明作品的来源、作者，以及引用部分在原作品中的具体位置等信息。

> 回顾一下，在没有 AIGC 工具之前，你是如何完成演示文稿制作的？

任务实施

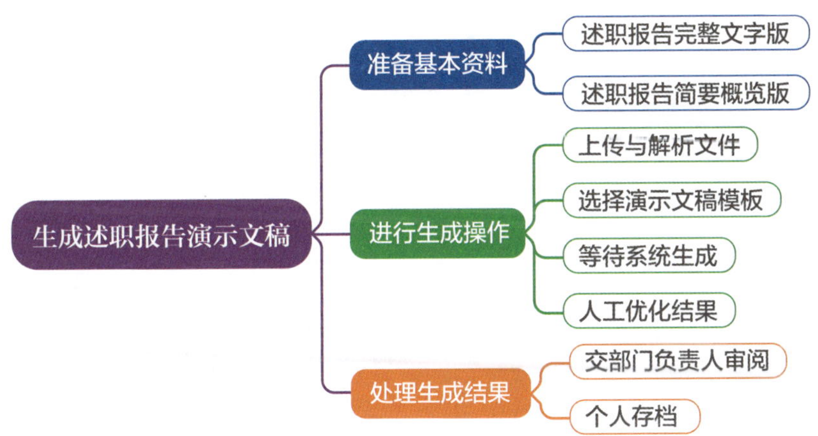

一、准备基本资料

（一）述职报告完整文字版

对实习期间的工作进行全面、深入且细致的梳理。将工作内容按照项目或任务的不同进行分类阐述，详细描述每个项目或任务的目标、具体执行过程、遇到的困难和挑战，以及最终的成果和收获。对于取得的成果，不仅要列举具体的数据和事实，如完成的业务量、提高的效率、节省的成本等，还要阐述这些成果对团队和公司的积极影响。

在描述自身成长方面，要结合实际工作经历，分享在专业技能、沟通能力、团队协作、问题解决等方面的提升和进步，包括具体的案例和感悟。同时，也要诚实地分析自己在实习过程中存在的不足之处，以及采取的改进措施。此外，对公司提供的实习机会、领导的指导和同事的帮助表达真挚的感谢之情，以清晰的逻辑和流畅、生动的语言撰写成完整的文字版述职报告。确保内容丰富、具体、有深度，能够充分且全面地展示自己在实习期间的经历和收获。

（二）述职报告简要概览版

若没有完整文字版的述职报告，也可准备简要概览版的述职报告。首先，明确核心要点，如最重要的工作成果、最显著的成长和最深刻的感谢。其次，对每个要点进行简洁明了的概括，去除冗余的描述和细节，保留最关键的信息。简要概览版述职报告应简洁明了、重点突出，能够让读者在短时间内快速了解实习工作的核心要点和主要成果，为后续的演示文稿生成提供具有指导价值的框架。

二、进行生成操作

假设你是一名新能源汽车项目助理，下文以讯飞智文为演示工具，展示生成述职报告演示文稿的全过程。

（一）上传与解析文件

1. 上传文件

登录讯飞智文智能创作工作台，选择“文本创建”或“文档创建”等创建方式，将准备好的文档上传至工具中，如图 6–4–5 所示。讯飞智文支持上传 DOC、DOCX、TXT、MD 等格式的文档，文件大小不能超过 10 MB。

2. 解析文件

上传文件后，选择演示文稿的语言、是否自动配图、是否需要演讲备注等项目。选择完毕后，单击“开始解析文档”按钮，系统便会开始自动生成演示文稿大纲。

解析完成后，系统会列出演示文稿的大纲，如图 6–4–6 所示。这时，我们可根据实际情况，选择是否对大纲进行编辑修订。确认无误后，单击“下一步”按钮，进入后续流程。

（二）选择演示文稿模板

讯飞智文提供了样式丰富的模板库，如图 6–4–7 所示，可按需进行选择。

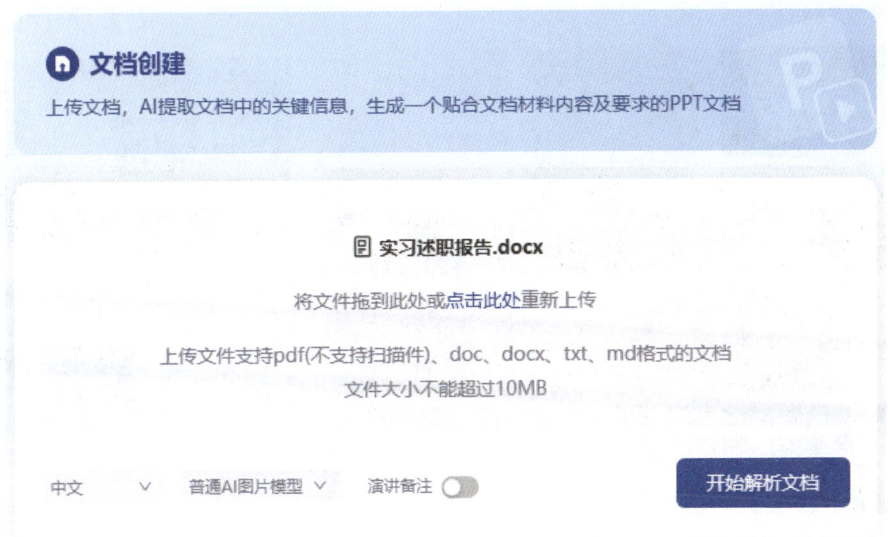

图 6-4-5　上传文件

图 6-4-6　讯飞智文生成的演示文稿大纲

图 6-4-7　选择模板

在选择模板时，首先要考虑模板的风格是否与述职报告的内容相契合。如果实习工作成果突出、内容丰富，可以选择较为大气、简洁的模板，以突出重点；如果实习经历富有故事性和情感色彩，可以选择相对温馨的模板。其次，模板的布局要合理，要能够清晰地呈现各个板块的内容。同时，注意模板的配色方案是否协调、美观，是否符合公司的文化和审美标准，避免使用过于鲜艳或刺眼的颜色组合。此外，还要关注模板中图表、图片等元素的设计是否精美、实用，能否有效地辅助内容的展示。

（三）等待系统生成

选择模板后，单击页面右上角的“开始生成”按钮，系统即开始自动生成演示文稿。

生成时间可能会因内容长度、系统性能和网络状况等因素而有所不同。在此期间，可以进行其他准备工作，如整理相关的补充资料、思考可能需要进一步优化的地方，但要时刻留意生成进度。如果等待时间过长，可以检查网络连接是否正常，或联系工具的技术支持寻求帮助。

（四）人工优化结果

系统生成演示文稿后，我们还需结合实际情况对生成结果进行全面、细致地人工优化。

首先，仔细检查文字的准确性和流畅性，修正可能存在的错别字、语病和逻辑不通顺的地方。其次，调整图片和图表的布局，使其与文字内容相互呼应，增强视觉效果。比如，确保图片清晰、大小适中，图表数据准确、易于理解。同时，优化配色方案，选择适合主题和场合的颜色搭配，避免颜色过于冲突或单调。此外，还要检查页面的排版，包括字体大小、行距、页边距等，确保整体美观，易于阅读。对于重点内容，可以通过加粗、变色、放大等方式加以突出，增强演示文稿的表现力和吸引力。

我们可进行在线编辑优化，如图 6-4-8 所示，也可下载演示文稿后，在本地进行编辑优化。

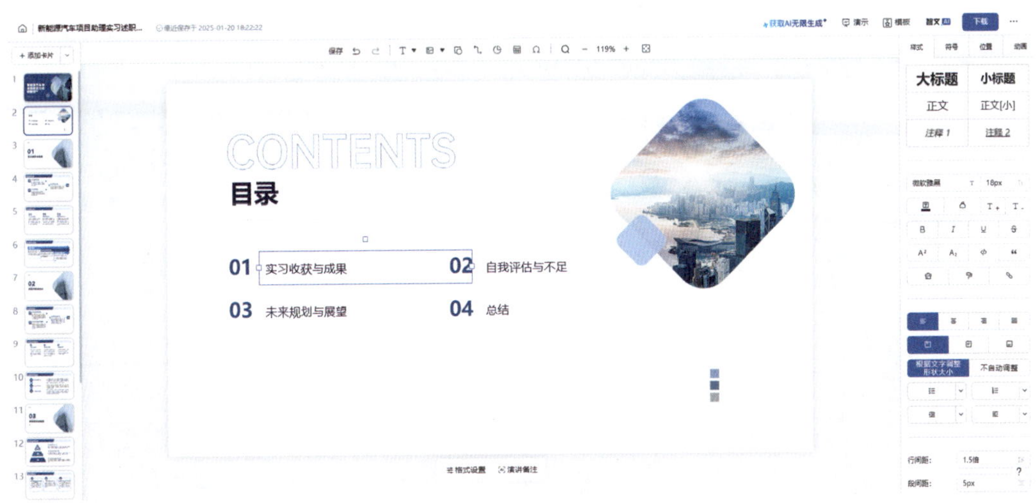

图 6-4-8　在线编辑优化

线上优化完成后，单击页面右上角的“下载”按钮，即可将演示文稿下载到本地。

三、处理生成结果

（一）交部门负责人审阅

将优化后的演示文稿提交部门负责人审阅，虚心听取意见和建议。认真记录部门负责人的反馈，理解其意图和期望，对于不明确的地方及时沟通，确保准确把握修改方向。根据意见和建议进行进一步修改完善，提高演示文稿的质量和效果。

（二）个人存档

在完成最终修改后，将演示文稿进行个人存档。可以选择多种保存格式，如常用的 PPT 格式，以便于后续编辑和展示；或保存为 PDF 格式，以确保在不同设备上的稳定显示和阅读。除了演示文稿本身，还可以将相关的文字资料、原始数据、修改过程中的版本，以及部门负责人的审阅意见等进行整理存档，形成一套完整的实习成果记录，为未来的职业发展提供参考和借鉴。

项目小结

通过本项目的学习，你不仅熟悉了常见的职场类 AIGC 工具，还通过“生成求职简历”“整理会议记录”“智能数据分析”“生成演示文稿”4 个具体任务，加深了对职场类 AIGC 工具的理解，拓展了应用场景。下图为你总结了本项目的主要内容，供你回顾整个项目，总结项目学习成果。

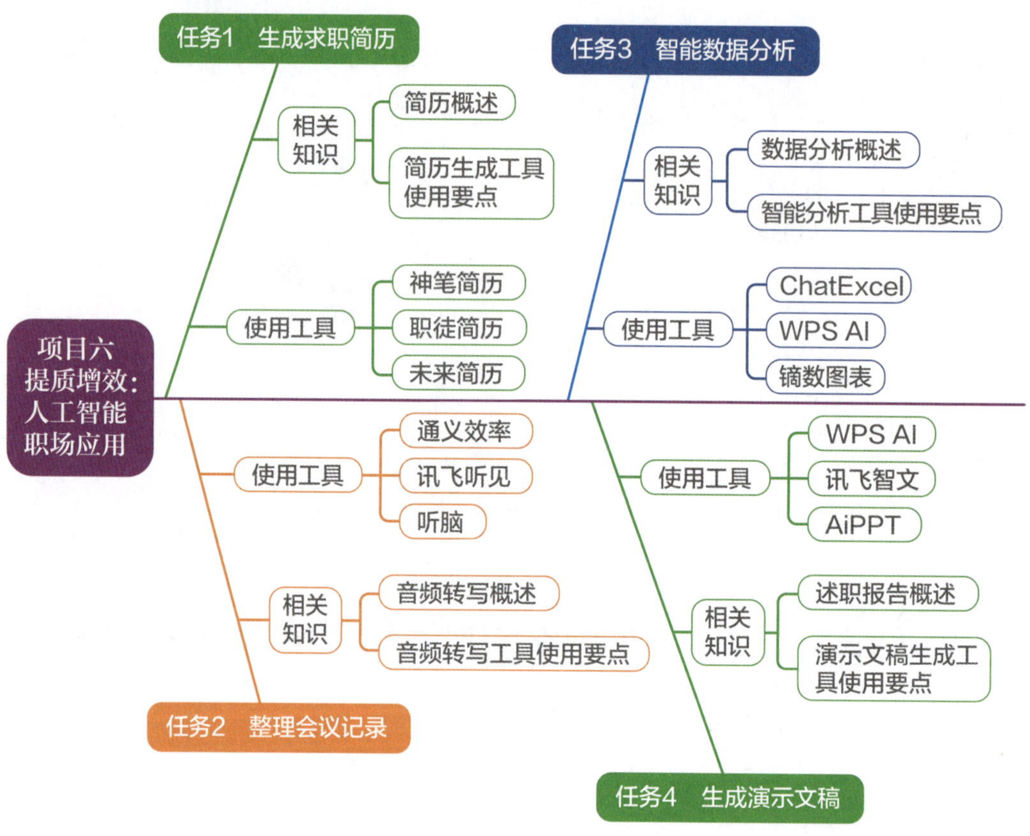

拓展探究

智能体

随着生成式人工智能技术的不断发展，“智能体”一词被越来越多地提及。

一、概念

智能体（AI Agent）是人工智能领域中一个非常重要的概念。简单来说，它就像是一个能够独立工作的“员工”，可以感知周围的环境、做出决策并且执行相应的行动，以解决特定的问题或者达成预定的目标。

智能体的运行逻辑可通过一个公式理解，即“智能体＝大语言模型＋规划能力＋反馈机制＋工具使用”。

其中，大型语言模型为智能体提供了强大的语言理解和生成能力，类似于人类的语言中枢；规划能力让智能体能够根据目标制定一系列的行动计划；反馈机制使得智能体能够根据执行结果不断调整自己的行为；工具使用让智能体能够利用各种外部工具来完成任务。

二、智能体的决策流程

1.感知

智能体的感知是其决策流程的第一步，它需要通过各种方式来获取关于环境的信息。其中，传感器是一种常见的感知方式。例如，在智能安防系统中，摄像头作为一种视觉传感器，可以感知监控区域内的人员、车辆等物体的活动情况；温度传感器可以感知环境的温度变化；湿度传感器可以感知环境的湿度情况等。除了传感器，智能体还可以从外部数据源获取输入，如网络数据库、文件系统等。

智能体感知到的信息具有多样性，包括文字、图像、声音、视频和实时数据等。

2.推理

智能体的推理过程是一个复杂的分析和评估过程。首先，它需要对感知到的信息进行预处理，将其转换为适合分析的形式。例如，对于图像信息，需要进行特征提取等预处理操作；对于文字信息，需要进行词法、句法分析等操作。

其次，它会根据预定义的规则或者模型对预处理后的信息进行分析。例如，在基于规则的智能体中，它会根据预先设定的一系列规则进行推理，如在简单的故障诊断系统中，如果某个传感器的值超过了设定的阈值，就判断为某个部件出现故障；在基于模型的智能体中，如基于神经网络模型的图像识别系统，它会将图像信息输入到神经网络模型中，通过模型的计算得到推理结果。

最后，智能体会根据分析结果推导出潜在的行动方案。例如，在智能交通管理的智能体中，如果推理出某个路段即将出现交通拥堵，它可能会推导出调整信号灯时长、引导车辆分流等潜在的行动方案。

3.行动

基于推理结果，智能体会采取行动。这些行动分为物理行为和虚拟行为。物理行为主要是指在现实世界中产生实际物理效果的行为，通常由嵌入了智能体的物理设备来执行。例如，在工业机器人这种智能体中，它可以根据生产任务的要求进行各种物理操作，如抓取、搬运、装配零部件等。虚拟行为则是指在虚拟环境中发生的行为，如发送消息、调整参数、生成内容等。

课后练习

1. 简述简历的内容。
2. 用自己的话总结简历生成工具的使用要点。
3. 简述数据分析的基本步骤。
4. 说一说述职报告的主要作用有哪些。
5. 使用音频转写工具，将项目三任务 1 中生成的有声读物转写为文本，并通过演示文稿生成工具将其制作为画面精美的演示文稿文件。